Google Pixel
便利すぎる!
テクニック

JN056.346

standards

C O N T E N T S

Section 5 仕事効率化

Section 6 設定とカスタマイズ

7 Section 生活お役立ち技

8 Section トラブル解決とメンテナンス

あなたの Google Pixel が
もっと便利に
もっと快適になる
技あり操作と正しい設定
ベストなアプリが満載!

いつでも手元に用意してSNSやゲーム、動画や音楽を楽しんだり、

時には仕事道具としても活躍するGoogle Pixel。

しかし、本来のパワフルな実力を最大限に引き出すには、Androidの隠れた

便利機能や自分に最適な設定、効率的な操作法、ベストなアプリを知ることが大事。

Pixelならではの注目機能もマスターしておきたい。

本書では、自分のPixelをもっと幅広い用途に活用したいユーザーへ向けて

245の最新テクニックを紹介。日々の使い方を劇的に変える1冊になるはずだ。

はじめにお読みください

本 書 の 見 方 ・ 使 い 方

「マスト!」マーク

245のテクニックの中でも多くのユーザーにとって有用な、特にオススメのものをピックアップ。まずは、このマークが付いたテクニックから試してみよう。

「APP」コーナー

APP

aCalendar
作者／Tapir Apps GmbH
価格／無料

QRコード

QRコードを読み取れば、Playストア内の該当アプリのページに簡単にアクセスして、すぐにインストールできる。読み取り方法は下記で解説している。

QRコードの読み取り方法

1 カメラアプリを起動する

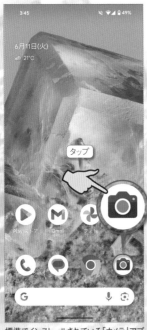

標準でインストールされている「カメラ」アプリをタップして起動。撮影モードが「写真」になっていることを確認する。

2 カメラをQRコードに向けて読み取る

特に操作の必要はなく、カメラを誌面のQRコードに向けるだけで即座に読み取り、上記のようなURLが表示されるのでタップする。

3 Playストアでアプリをインストールする

Playストアが起動し、該当アプリのページが表示される。「インストール」をタップしてアプリをインストールしよう。

掲載アプリINDEX 巻末のP110〜111にはアプリ名から記事を検索できる「アプリINDEX」を掲載。気になるあのアプリの使い方を知りたい……といった場合に参照しよう。

注目機能と
基本の便利技

Pixelを買ったらまずは試してみたい注目機能を
はじめ、必ずチェックしたい設定ポイントや標準搭載
ながらも気付きにくい便利機能、覚えておきたい
快適操作法など、すべてのユーザーに
おすすめのテクニックを総まとめ。

マスト！

Googleの生成AI
「Gemini」を利用する

モバイルアシスタントを切り替えよう

Pixelには、電源キーの長押しや「OK Google」の呼びかけで起動する「Googleアシスタント」が搭載されているが、これを「Gemini」に切り替えることができる。GeminiはGoogleが開発した生成AI技術で、ChatGPTの有力な対抗馬として期待されているサービス。与えた指示に対して何かを生成したり提案するのが得意で、文章の作成や要約に向いているほか（No140で解説）、メールの文面を作成したり（No064で解説）、読み込んだ写真に対して質問することができる。またPixelで表示中の画面に対して指示を与えることができ、閲覧中のWebページを要約したり、メールの内容に沿った返信を書いてもらうといったことも可能だ。

ただしGeminiは、今のところGoogleアシスタントの機能を完全に置き換えるものではない。生成AIの常として明らかに間違った情報が提示されることがあるほか、特定のアプリの操作や連携、自動実行のような作業も不得意だ。基本的にGeminiができない操作でも、例えばアラームやタイマーのセットなどは自動でGoogleアシスタントに引き継いで実行してくれるが、複数の操作を自動実行するルーティンや、お互いの会話をリアルタイムで翻訳する通訳モードなどは、Googleアシスタントを起動して直接頼まないと実行できない。GeminiとGoogleアシスタントはいつでも切り替えできるので、必要に応じて使い分けよう。

Geminiに切り替える方法と基本的な使い方

1 GoogleアシスタントからGeminiに変更

「Gemini」にチェックすると、電源キーの長押しや「OK Google」、「Hey Google」などの呼びかけでGeminiが起動するようになる。この画面でいつでも従来の「Googleアシスタント」に戻せる

「設定」→「アプリ」→「アシスタント」→「Googleのデジタルアシスタント」をタップし、「Gemini」を選択すると、モバイルアシスタントの機能がGoogleアシスタントからGeminiに変更される。

2 Geminiを起動して指示内容を送信

標準では音声入力になっているが、キーボードボタンや入力画面をタップするとキーボード入力に切り替えできる

タップして指示を送信

電源キーの長押しなどでGeminiを起動し、Geminiへの質問や依頼（プロンプトと言う）を入力しよう。指示が具体的であればあるほど、より適した内容の回答が生成される。

3 Geminiの回答が表示される

タップするとメイン画面に戻り、過去にGeminiでやり取りした履歴などを確認できる

タップして「他の回答案」を選ぶと別の回答を確認できる

質問や依頼を追加する

Geminiによる回答が自然な文章で表示される。さらに質問や依頼を追加したい場合は、画面下部のチャット欄に入力しよう。前の回答を踏まえた上でチャットを継続できる。

4 写真を読み込んで質問する

この場所はどこですか

タップして写真を撮影したり読み込む

Geminiが写真を解析して回答してくれる

Geminiの入力欄にあるカメラボタンをタップすると、写真を撮影したりフォトアプリや端末内の画像を読み込んで添付できる。質問などを入力すると、Geminiが写真を解析して回答してくれる。

5 表示中の画面を要約する

この画面を追加

この記事の内容を要約して

各種アプリの画面を開いてGeminiを起動し、「この画面を追加」をタップ。スクリーンショットが撮影され、内容の要約や分析を頼むことができる。Webページの場合はURLが追加され、ページ内の要約や分析を依頼できる。

POINT

一部の指示はGoogleアシスタントが実行

Geminiに頼んだ内容をGoogleアシスタントが代わりに実行する際は、「アシスタント」のロゴが表示される

Geminiはアプリ操作などの指示に向いておらずロック画面でも使えないが、Googleアシスタントなら可能だ。このような一部の指示をGeminiに頼むと、自動的にGoogleアシスタントが実行してくれる。例えばロック画面で「タイマーを3分にセットして」と頼むと、Googleアシスタントが代わりにセットする。

002

生成AI

マスト!

Geminiの先進的で便利な活用例

Geminiの得意分野を見極めよう

No001で紹介したGeminiは、基本的に決められた音声コマンドで決められた操作を実行するGoogleアシスタントと違って、指示を与えると学習したデータから回答を生成する生成AIサービスだ。文章の作成やアイデア出しなど、何かを作ったり提案する作業が得意なので、仕事や勉強の強力なサポートとして活用しよう。またGeminiは、テキスト以外に画像や音声、動画など複数の種類のデータを処理できるマルチモーダルに対応し、写真を読み込んで内容を解析したり、手書き文字を認識してテキスト化するといった作業も行える。

文章の作成や要約

文章の作成や要約は、生成AIが最も得意とする分野のひとつ。なるべく具体的なキーワードを与えて「記事を作成して」や「要約して」と頼むだけで、自然な文章を生成してくれる（No140で解説）。

文章の翻訳

Geminiでは「○○を翻訳して」と頼むと、別の言い回しや、具体的な表現例をいくつか提示してくれる。会話での翻訳には向かないが、複数の例から選んで状況に最適な翻訳文を作成できる。

表の作成や解析

Geminiではデータから表を作成したり、表を読み込んで内容を分析できる。ただし表を読み込むには、有料の「Gemini Advanced」にした上でGeminiウェブアプリを使う必要がある（No142で解説）。

情報収集

GeminiはGoogle検索のデータを利用しており、最新トピックの情報収集に強い。情報から得られる傾向などの分析も得意だ。ただし、収集した情報が必ずしも正確ではない点に十分注意しよう。

アプリの使い方を聞く

「○○アプリの使い方を教えて」などと伝えると、アプリの概要や使い方、参考情報のリンクが表示され、Pixelのヘルプ的な使い方ができる。アプリの機能に悩んだらGeminiに聞いてみよう。

画像認識

Geminiの入力欄にあるカメラボタンで、写真を撮影したり読み込んで、被写体について質問すれば回答してくれる。たとえば料理写真を送信して、「レシピを教えて」と頼むとレシピが表示される。

手書きメモの清書や要約

Geminiのカメラボタンで手書きメモを撮影すれば、画像の内容を解析して手書き文字をテキスト化してくれる（No141で解説）。メモの内容を要約したり、数値から表を作成することもできる。

アイデアを出す

Geminiにアイデア出しをお願いすれば、視点が違うヒントを貰えて意外と参考になる。商品の特徴を伝えてキャッチコピーを考えてもらったり、ブログ記事で受けそうなネタを提案してもらおう

Geminiでできることを聞く

「Geminiにできることは何?」と質問すれば、Geminiが得意なことをGemini自身が教えてくれる。さらに「文章作成の頼み方を教えて」などと質問すれば、指示に含めるべき具体的な要素も分かる。

003

フォトレタッチ

マスト!

CMでもおなじみの消しゴムマジックを利用する

写真に写り込んだ邪魔なものをきれいに消去

Pixelのフォトアプリでは、写真に写り込んだ邪魔な人物やものを除去して、最初から写っていないような自然な写真に仕上げることができる「消しゴムマジック」機能を利用できる。邪魔なものを消したい写真を開いたら、「編集」→「ツール」を開いて「消しゴムマジック」をタップしよう。消去する候補は自動で検出されるほか、手動で囲んで消去することも可能だ。なお、写っている人や物を切り取って、別の場所に移動させたり拡大・縮小ができる「編集マジック」機能についてはNo104で解説する。

1 消しゴムマジックをタップする

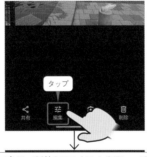

タップ

タップ。Pixel以外のスマートフォンやiPhoneでも、Google Oneに加入済みなら利用できる

邪魔なものが写り込んだ写真をフォトアプリで開いたら、下部メニューの「編集」→「ツール」を選択し、「消しゴムマジック」をタップしよう。

2 邪魔なものを選択して消去する

ハイライト表示された候補をタップすると消去できる。「すべてを消去」でまとめて消すことも可能

候補以外の消したいものを指やタッチペンで囲んで、手動で消すこともできる

写真内の邪魔なものが自動的に判断され、候補としてハイライト表示される。ハイライトをタップすれば個別に消去できるほか、候補以外の邪魔なものを指で囲んで消すこともできる。

3 邪魔なものが消えた写真を保存する

邪魔な人やものが消え、最初から写っていないような自然な写真になる

タップして「コピーを保存」をタップ

写真内に写り込んだ邪魔なものがすべて消え、背景とうまく合成されて違和感のない仕上がりとなった。あとは「完了」→「コピーを保存」をタップすると消去後の写真が保存される。

注目機能と基本の便利技

11

004

検索

画面上の写真や文書を指で囲って検索する

ナビゲーションバーやホームボタンをロングタップするだけ

画面上に表示されているものを、指で囲ってGoogle検索できる機能が「かこって検索」だ。ナビゲーションバーやホームボタン（No005で解説）をロングタップすることで起動し、調べたい部分を丸で囲むだけで、下部に検索結果が一覧表示される。WebブラウザやSNS、カメラなどあらゆる画面上で利用できるので、好きな芸能人が着用しているアイテムを調べたり、特徴的な風景を囲って場所を調べたり、海外で読めない看板やメニューにカメラを向けて文字を囲めば翻訳することもできる。「×」をタップすれば元の画面に戻る。

1 ナビゲーションバーをロングタップ

ナビゲーションバー（3ボタンナビゲーションの場合はホームボタン）をロングタップ

WebページやSNS、写真や動画、カメラに写した画面などで気になるアイテムを見つけたら、ナビゲーションバーやホームボタンをロングタップしよう。Google検索バーが表示される。

2 調べたい部分を指で囲む

アイテムやテキストを指で囲む

画面内の調べたいアイテムやテキストを指で囲むと、白い線が表示されて範囲選択できる。正確に選択したい場合は、ピンチアウトで拡大して選択しよう。選択範囲をあとから変更することも可能だ。

3 囲ったアイテムを検索できる

下部に検索結果が一覧表示され、タップしてアクセスできる。枠線をドラッグすることで選択範囲を調整でき、検索結果もリアルタイムで変わる。画面を下にスワイプするか、左上の「×」をタップすると元の画面に戻る

005

基本操作

基本操作をジェスチャーから3ボタン方式に変更する

設定で3ボタンナビゲーションに変更しよう

Pixelでは、ホーム画面やひとつ前の画面に戻るなどの操作をジェスチャーで行う、「ジェスチャーナビゲーション」が標準ナビゲーションとして設定されている。慣れてしまえば素早く操作できるが、ジェスチャーを覚える必要があるので使いづらいと感じる人もいるだろう。そんな時は「設定」→「システム」→「ナビゲーションモード」で「3ボタンナビゲーション」に変更しておこう。画面の下部に「戻る」「ホーム」「最近」の3つのボタンが表示されるようになり、ボタンをタップしてホーム画面に戻るなどの操作を行える。

1 ジェスチャーナビゲーションの操作

画面の左右端から中央へスワイプすると前の画面に戻る

画面を下から上にスワイプしてホーム画面に戻る。途中で止めると「最近使用したアプリ」画面が表示される

ジェスチャーナビゲーションは下部にボタンが表示されない。画面の左右端から中央にスワイプしたり、下から上にスワイプするといったジェスチャーで操作する。

2 ナビゲーションバーの設定を開く

システム

言語
システムの言語、アプリの言語、地域別の設定、音声認識

キーボード
画面キーボード、ツール

タップ

ナビゲーション モード
ジェスチャー ナビゲーション

リアルタイム翻訳
ON

ジェスチャー

日付と時刻
GMT+09:00 日本標準時

バックアップ

ソフトウェアのアップデート
お使いの Google Pixel は最新の状態です

ジェスチャーナビゲーションが操作しづらいなら、従来の3ボタン方式に戻そう。「設定」→「システム」→「ナビゲーションモード」をタップする。

3 3ボタンで操作できるようになる

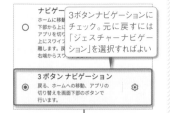

3ボタンナビゲーションにチェック。元に戻すには「ジェスチャーナビゲーション」を選択すればよい

3ボタン ナビゲーション
戻る、ホームへの移動、アプリの切り替えを画面下部のボタンで行います。

「戻る」「ホーム」「最近」ボタンで操作できる

「3ボタンナビゲーション」にチェックすると、画面下部に「戻る」「ホーム」「最近」ボタンが表示され、ボタンのタップで操作できるようになる。

GooglePixel Benrisugiru Techniques Section

006

画面設定

スリープ時は画面を真っ暗に消灯させる

Pixelには、スリープ中でも完全に消灯せず、画面を少し暗くして時刻や日付、天気などを表示する機能が用意されている。スタンドに置けば置き時計のように使えて便利だが、画面が常に表示される分バッテリーの消費は増える。画面の常時表示が必要がないなら、「設定」→「ディスプレイ」→「ロック画面」→「時間と情報を常に表示」をオフにしておこう。あわせて「タップしてチェック」(No019で解説)や「持ち上げてチェック」(No020で解説)もオフにすれば、よりバッテリーを節約できる。

「設定」→「ディスプレイ」→「ロック画面」をタップする

「時間と情報を常に表示」をオフにしておけば、スリープ中は画面が完全に消灯し、バッテリーを節約できる

007

画面操作

ダークモードで見た目も気分も一新しよう

Pixelの画面は、黒を基調とした暗めの配色「ダークモード」に切り替えることが可能だ。設定画面などの他にも、ChromeやX(旧Twitter)、LINEなど、ダークモードに対応する多くのアプリの画面が黒基調に切り替わる。ダークモードの画面は、見た目がクールでかっこいいという他にも、全体の輝度が下がるので目に優しく、光量が減ることでバッテリーの使用量を節約できるメリットもある。暗い場所で見ても目が疲れにくいので、夜間だけダークモードになるようにスケジュールを設定しておくのもおすすめだ。

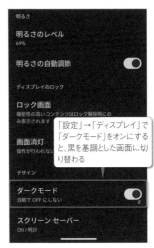

「設定」→「ディスプレイ」で「ダークモード」をオンにすると、黒を基調とした画面に切り替わる

「ダークモード」→「スケジュール」をタップすると、自動でオンにする時間を指定したり、日の入りから日の出までオンにするように設定できる

008

画面操作

直前に使ったアプリに素早く切り替える

ジェスチャーナビゲーション(No005で解説)を設定している場合は、画面最下部のナビゲーションバーを右にスワイプするだけで、ひとつ前に使ったアプリを素早く表示することができる。さらに右にスワイプすると、その前に使ったアプリを表示可能だ。右にスワイプした直後、左にスワイプすると元にアプリに戻ることができる。いちいちホーム画面に戻ったり「最近使用したアプリ」画面を表示するよりも圧倒的にスピーディなので、この操作法をマスターしておこう。

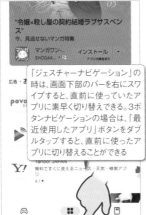

「ジェスチャーナビゲーション」の時は、画面下部のバーを右にスワイプすると、直前に使っていたアプリに素早く切り替えできる。3ボタンナビゲーションの場合は、「最近使用したアプリ」ボタンをダブルタップすると、直前に使ったアプリに切り替えることができる

もう一度右にスワイプすると、さらに前に使っていたアプリに切り替える。左にスワイプすると元のアプリに戻る

009

画面操作

クイック設定ツールを素早く利用する

クイック設定ツールを表示する時は、ステータスバーから下へスワイプするが、一度のスワイプでは4つのタイルしか表示されない。タイル一覧を表示するには二度スワイプする必要があるのだが、実は2本指でスワイプすると一度の操作でタイル一覧を一気に表示できる。一覧を表示したら、左右のスワイプですべてのタイルにアクセス可能だ。最初のスワイプで表示されないタイルや画面の明るさ調整スライダーを素早く利用したい時に有効な操作法なので、ぜひ覚えておこう。

ステータスバーから1本指で下へスワイプ。クイック設定ツールは一部しか表示されない

ステータスバーから2本指で下へスワイプ。クイック設定ツールの全体画面が表示される。画面内を左右にスワイプすると、ページを切り替えてすべてのタイルを利用できる

010

画面操作

【マスト!】
自動回転オフ
でも画面を
横向きにする

Webサイトなどを寝転がって見ようとすると、画面が勝手に回転してしまうので、普段は自動回転を無効にして縦向きで固定している人は多いだろう。ただ、動画を横向きで見たい場合などに、いちいち自動回転をオンに戻すのは面倒だ。そんなときは、自動回転がオフのまま、画面を横向きにしてみよう。ナビゲーションバーの端に表示される回転ボタンをタップするだけで、すぐに横向き画面にできる。縦向き画面に戻したい場合は、画面を縦向きにすると表示される回転ボタンをタップすればよい。

画面の自動回転は無効にしたままで良い。Pixelを横向きにしても画面は回転しないが、ナビゲーションバーの端に回転ボタンが表示されるので、これをタップしよう

このように、画面が横向きに変わる。縦向きに戻したい場合は、ナビゲーションバーの回転ボタンを再度タップすればよい

011

バッテリー

【マスト!】
バッテリーの
残量を数値でも
表示する

Pixelでは、ステータスバーにあるバッテリーアイコンの白い部分でバッテリーの残り具合が分かり、通知パネルを開くとバッテリー残量をパーセント表示で確認できる。ただ、いちいち通知パネルを開くよりも、ステータス画面のバッテリーアイコンに最初から数値が表示されているほうが、いつでもバッテリー残量を正確に把握できて便利だ。設定で「バッテリー残量」をオンにしておこう。

バッテリー残量が数値でも表示されるようになった

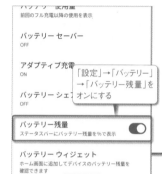

「設定」→「バッテリー」→「バッテリー残量」をオンにする

012

画面操作

【マスト!】
マルチウィンドウ機能で
2つのアプリを同時利用

画面を2分割して
マルチタスク
を実現する

Pixelには、画面を2分割して別々のアプリを同時に利用できる「マルチウィンドウ」機能が搭載されている。画面を下から上にスワイプして途中で止め、最近使用したアプリの一覧を開いたら、分割表示したいアプリのアイコンをタップしよう。開いたメニューで「分割画面」をタップし、続けて分割した下の画面に表示するアプリを選択すれば、2つのアプリが同時に表示される。中央の仕切りバーを上下にドラッグすれば、表示サイズの割合を調整可能だ。なお、縦向き画面では上下、横向き画面の場合は左右に画面が分割される。

1 アプリを選んで
分割画面をタップ

メニューから「分割画面」をタップ

最近使用したアプリ一覧を開いたら、分割表示したいアプリのアイコンをタップ。開いたメニューから「分割画面」をタップしよう。

2 もうひとつの
アプリを選択

もう一方のアプリを選んでタップ。分割画面で利用したいアプリは事前に一度起動して、最近使用したアプリ一覧に表示されるようにしておこう

分割したアプリがいったん上に隠れる。続けて、最近使用したアプリ一覧から、分割表示したいもう一方のアプリを選んでタップする。

3 2つのアプリを
同時に利用できる

仕切りバーをドラッグして表示サイズの割合を調整

2つのアプリが分割表示され、同時に利用できる。中央の仕切りバーを上下にドラッグすると表示サイズを変更でき、上下どちらかいっぱいまでドラッグするとマルチウインドウが解除される。

013

電子決済

マスト！

Google PayでSuicaやクレカ、電子マネーを利用する

Pixelをかざすだけでスマートに支払える

「Google Pay」は、クレジットカードや電子マネー、Suicaなどを「ウォレット」アプリに登録して利用できる電子決済サービスだ。ウォレットには複数枚のカードを追加できるが、iDやQUICPay、タッチ決済の支払いに使うカードは、それぞれ1枚だけを有効なカードとして設定できる。SuicaとPASMO両方を登録した場合も、改札や店頭での支払いに使えるのはどちらか1枚だ。各支払い方法で有効なカードを設定しておけば、あとは対応店舗や改札の読み取り機にPixelをかざせば、認証不要で支払いが完了する。ただしVisaやMastercardのタッチ決済を利用する場合のみ、ロックを解除してからPixelをかざす必要がある。

POINT

おサイフケータイは必要？

「ウォレット」と「おサイフケータイ」はどちらもPixelで使う電子マネーやポイントを管理するアプリだが、ウォレットが単体で電子マネーを新規発行したりチャージできるのに対し、おサイフケータイは電子マネーの登録状況を管理するだけで、登録もチャージもそれぞれの公式アプリで操作する必要がある。以前は機種変更などでSuicaを移行する際におサイフケータイの操作が必要だったが、現在はSuicaやPASMOの移行もウォレットだけで完結するので、あえておサイフケータイで管理する必要はなくなった。ただしモバイルiCOCAなど、ウォレットには登録できずおサイフケータイでのみ管理できる電子マネーもいくつかある。

各種カードの追加方法とGoogle Payの使い方

1 クレジットカードを追加する

「ウォレット」アプリを起動したら「＋ウォレットに追加」をタップ。クレジットカードは「クレジットやデビットカード」→「新しいクレジットカードかデビットカード」から追加できる。

2 Suicaなどを追加する

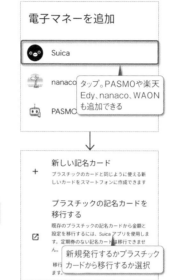

Suicaは「電子マネー」→「Suica」を選択し、「新しい記名カード」で新規発行するか、「プラスチックの記名カードを移行する」でプラスチックのカードを移行しよう。PASMOも同様の手順だ。

3 Suicaを以前の機種から移行する

前の機種でウォレットに追加していたSuicaやPASMOは、同じGoogleアカウントでログインしていれば、自動的に移行可能なカードとして検出され、ウォレット単体で簡単に移行できる。

4 Suicaにチャージする

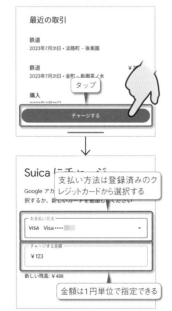

SuicaやPASMOはウォレット上からのチャージに対応している。チャージしたいSuicaなどを選択して「チャージする」ボタンをタップすると、1円単位で金額を指定して入金することが可能だ。

5 「有効なカード」を設定しておく

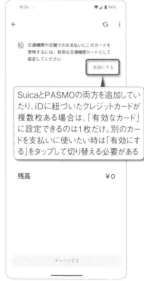

複数のカードを追加している場合は、交通系電子マネー、iD、QUICPay、タッチ決済のそれぞれで「有効なカード」に設定したカードが支払いに使われる。例えばウォレットにSuicaとPASMOを追加している場合は、有効なカードにした方のチャージ金額が使われて改札を通ったり支払いに利用できる。

6 Google Payで支払う方法

実際に支払うときは、店頭で「Suicaで」「iDで」など支払い方法を伝えて、あとはカードリーダーにかざせば、有効なカードに設定したSuicaやiDが使われて支払いが完了する。改札を通るときもリーダーにかざせば、有効なカードに設定したSuicaが使われて通過できる。リーダーにかざす際は、画面がロックされた状態や消灯状態でも問題ない。ただし支払い方法としてVisaなどのタッチ決済を使う場合のみ、画面のロックを解除してからカードリーダーにかざす必要がある

パスワード不要の認証システム 「パスキー」を利用する

パスワード入力を 生体認証に 置き換える

通常、Webサービスやアプリに登録したりログインするには、IDとパスワードの入力が必要で、場合によってはSMSなどで2段階認証も求められる。しかし新しい認証方式の「パスキー」に対応するWebサービスやアプリでは、Pixelに登録した指紋や顔などの生体認証を使って簡単にログイン可能だ。パスワードの入力が不要なので流出する危険もなく、より安全にサービスを利用できる。AmazonやYahoo! JAPANなどがパスキーに対応済みのほか、Googleアカウントもパスキーを使ってログインできる。

1 Amazonでも パスキーを利用可能

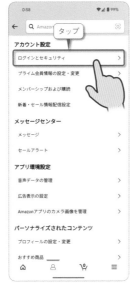

Amazonでパスキーを設定するには、まずAmazonショッピングアプリでログインしてアカウント画面を開き、「アカウントサービス」→「ログインとセキュリティ」をタップする。

2 パスキーを 設定する

「パスキー」欄の「設定」→「設定」をタップ。「続行」をタップして、画面の指示に従い指紋や顔で認証しよう。Googleパスワードマネージャーにパスキーが保存される。

3 生体認証で ログインする

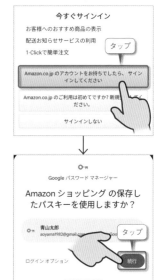

次回からAmazonにログインする際は、「保存したパスキーを使用しますか?」と表示されるので、「続行」をタップして指紋や顔で認証すればログインできる。

マスト!

不要な操作音や バイブレーションをオフにする

操作の音が 気になるなら 最初にオフにする

Pixelでは、標準状態のままだと操作キーや各種メニューをタップするたびに音が鳴り、バイブレーションも動作する。また、電話のダイヤルキーをタップした際も音が鳴るようになっている。確実に操作した感触が得られる仕様だが、これが煩わしい場合はあらかじめすべてオフにしておこう。「設定」→「音とバイブレーション」画面の項目で不要なサウンドのスイッチをオフにすればよい。なお、各種操作音はマナーモードにすれば消音されるが、タップ操作時のバイブは、設定でオフにしないと消えない。

1 各種操作音と バイブをオフに

「設定」→「音とバイブレーション」で「ダイヤルパッドの操作音」など不要な項目をオフにしておこう。また「バイブレーションとハプティクス」→「触覚フィードバック」を最小にするとタップ操作時のバイブをオフにできる。

2 キーボードの操作音 をオフにする

キーボードで文字入力時に音が鳴ったり振動する時は、「設定」→「システム」→「キーボード」→「画面キーボード」で「Gboard」をタップ。「設定」をタップして「キー操作音」と「キー操作時の触覚フィードバック」をオフにしよう。

3 シーンに応じて 操作音を消すには

必要に応じてその都度消音したい場合は、音量キーを押して、画面右に表示されるバーの上部ボタンを、バイブまたはミュートにすればよい。

他のスマホとで手軽に 写真やデータをやり取りする

Quick Shareで 近くのスマホと ファイル共有

近くにあるスマートフォン同士で、手軽に写真や連絡先などのデータを送受信できる機能が「Quick Share」だ。フォトやFilesアプリなどで送信したいデータの共有画面を開いたら、「Quick Share」ボタンをタップ。送信可能な近くのAndroidデバイスを選択すれば相手に送信できる。なおQuick Shareは、Android標準のニアバイシェア機能がGalaxyシリーズのクイック共有機能と統合したものだ。ただし、クイック共有で使えたプライベート共有などの独自機能は、今のところGalaxyデバイス同士でしか利用できない。

1 Quick Shareの 設定を行う

タップ。表示されない場合は追加しておく（No177で解説）

共有を許可する相手を選択。全ユーザーの「10分間のみ」にチェックすると、10分後に以前の共有設定に戻る

クイック設定ツールで「Quick Share」をタップし、共有を許可する相手を、自分のデバイスのみにするか、連絡先に登録した相手にするか、全ユーザーにするかを選択しておこう。

2 Quick Shareで 相手に送信する

タップ

タップして近くのデバイスに送信する

フォトやFilesアプリなどでファイルを選択し、共有ボタンをタップして「Quick Share」を選択。送信可能な近くのデバイスが検出されるので、選択して送信しよう。

POINT

Windowsとも 送受信できる

Quick Shareは、Windowsパソコンとも送受信可能。Windows側には「Windows用クイック共有」（https://www.android.com/better-together/quick-share-app/）をインストールしよう。パソコンのアプリでは、画面内にファイルをドロップし、相手を選んで送信。パソコンで受信する時は、左メニューで受信を許可するユーザーを選択しておく必要がある。

マスト!

スリープまでの時間とロック までの時間を適切に設定する

使い勝手と セキュリティを バランス良く

Pixelは、しばらくタッチパネルを操作しないと、自動的に画面が消灯しスリープ状態となる。また、そのまま操作しないと画面にロックがかかり、指紋認証や顔認証、パスコードなどでロックを解除しないと端末を利用できなくなる（設定が必要）。このスリープするまでの時間とロックするまでの時間は、それぞれ個別に設定可能だ。セキュリティや省電力の面では、どちらも短い方がよいが、すぐにスリープおよびロックしてしまうと使い勝手が悪い。バランスをみて、自分に合った時間に設定しよう。

1 スリープするまでの 時間を設定する

15秒や30秒では、少し長い文章を読んでいる内に消灯してしまう。2分か5分がおすすめだ。スクリーンアテンションについてはNo018で解説する

まずは「設定」→「ディスプレイ」にある「画面消灯」で、スリープするまでの時間を設定する。

2 ロックするまでの 時間を設定する

安全性と使い勝手のバランスを考えて設定しよう。あらかじめ画面のロックの設定を行っておく必要がある

スリープ後にロックするまでの時間は、「設定」→「セキュリティとプライバシー」→「デバイスのロック解除」で画面ロックの歯車ボタンをタップし、「画面が自動消灯してからロックまでの時間」で変更できる。

3 電源キーで即座に ロックする設定

PINのプライバシーを強化する
PIN入力中のアニメーションを無効にする

画面が自動消灯してからロックまでの時間
画面が自動的に消灯してから5秒後にロック（ロック解除延長がロック解除を管理している場合を除く）

電源ボタンですぐにロックする
ロック解除延長がロック解除を管理している場合を除きます

オンにしておく

「設定」→「セキュリティとプライバシー」→「デバイスのロック解除」で画面ロックの歯車ボタンをタップし、「電源ボタンですぐにロックする」もオンにしておこう。

018

画面設定

画面を見ている間は画面を消灯しないようにする

画面を操作しないと自動でスリープする時間はNo017の手順で変更できるが、バッテリー節約のために時間を短く設定すると、電子書籍やネットの記事を読んでいる最中に画面が消灯することがあり使いづらい。そこで、「設定」→「ディスプレイ」→「画面消灯」→

「スクリーンアテンション」もあわせてオンにしておこう。これは、前面カメラを使用してユーザーが画面を見ているかどうかを検知し、画面を見ている間は消灯しないようにする機能。自動スリープの設定時間が短くても、ストレスなく利用できるようになる。

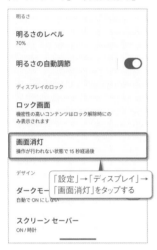

「設定」→「ディスプレイ」→「画面消灯」をタップする

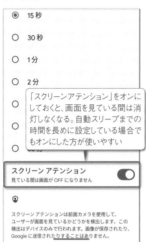

「スクリーンアテンション」をオンにしておくと、画面を見ている間は消灯しなくなる。自動スリープまでの時間を長めに設定している場合でもオンにした方が使いやすい

019

画面設定

画面をタップしてスリープを解除する

Pixelを机の上に置いた状態で時刻や通知の有無を確認したい時は、いちいち電源キーを押してスリープを解除する必要はない。「設定」→「ディスプレイ」→「ロック画面」→「スマートフォンをタップしてチェック」をオンにしておけば、画面をタップするだけですぐにスリープ

が解除され、ロック画面で通知を確認することができる。画面をタップしないと点灯しないため、Pixelを持ち上げてスリープを解除する「スマートフォンを持ち上げてチェック」(No020で解説)を利用するよりもバッテリーの節約になる。

「設定」→「ディスプレイ」→「ロック画面」→「スマートフォンをタップしてチェック」をタップする

「スマートフォンをタップしてチェック」のスイッチをオンにすると、スリープ中に画面をタップするだけでロック画面が表示され、時刻や通知を確認できる

020

画面設定

持ち上げただけではスリープ解除しないようにする

「設定」→「ディスプレイ」→「ロック画面」→「スマートフォンを持ち上げてチェック」がオンの時は、Pixelを持ち上げると自動的にスリープが解除され、ロック画面で時刻や通知の有無を素早く確認できる。ただPixelを頻繁に持ち運ぶなら、そのたびに画面が点灯してしまう

ので、バッテリーの節約という面ではあまりありがたくない機能だ。ジェスチャーでスリープを解除する機能は「スマートフォンをタップしてチェック」だけオンにしておき(No019で解説)、こちらはオフにしておく使い方がおすすめだ。

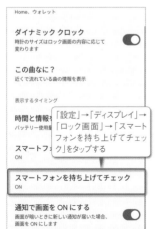

「設定」→「ディスプレイ」→「ロック画面」→「スマートフォンを持ち上げてチェック」をタップする

「スマートフォンを持ち上げてチェック」のスイッチをオフにすると、スリープ中にPixelを持ち上げても画面が点灯しなくなる

021

画面設定

ロック画面のショートカットを変更する

Pixelのロック画面では、左下と右下の2箇所にショートカットを配置でき、ロングタップで起動できるようになっている。ただ標準で配置されているHomeアプリは対応家電がないと利用しないし、ウォレットも基本的にスリープのままでタッチできるのであまり起動する必要が

ない。他にもQRコードやカメラ、サイレントモード、ミュート、ライトのショートカットを割り当て可能なので、設定でよく使う機能に変更しておこう。それぞれ「なし」を選択すればショートカットを非表示にすることもできる。

ホーム画面の空いたスペースをロングタップしてメニューを開き、「壁紙とスタイル」をタップ。「ロック画面」タブの「ショートカット」をタップし、左ショートカットと右ショートカットに割り当てる機能を変更しよう

ロック画面の左下と右下に配置されたショートカットをロングタップすると、それぞれアプリを起動したり機能を実行できる

022

文字サイズ

表示される文字のサイズを変更する

Pixelの文字サイズが小さくて見づらいなら、「設定」→「ディスプレイ」で「表示サイズとテキスト」をタップしよう。「フォントサイズ」のスライダーを右にドラッグするか「＋」ボタンをタップすると、プレビューで確認しながら文字サイズを大きくできる。Pixel 8の場合は7段階で調整可能だ。文字サイズを最大にしてもまだ見づらいなら、「表示サイズ」のスライダーを動かすと文字や画面が全体的に大きく表示されるほか、「テキストを太字にする」をオンにすると文字が太字で見やすくなる。

プレビュー

「設定」→「ディスプレイ」→「表示サイズとテキスト」で、「フォントサイズ」のスライダーを右に動かすと、文字サイズを大きくできる。上のプレビューで見え方を確認しながら調整しよう。文字サイズを大きくすると、画面内の情報量は当然少なくなるので、バランスを見て調整しよう

フォントサイズ
文字のサイズを変更します

表示サイズ

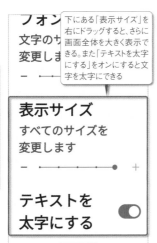

下にある「表示サイズ」を右にドラッグすると、さらに画面全体を大きく表示できる。また「テキストを太字にする」をオンにすると文字を太字にできる

表示サイズ
すべてのサイズを変更します

テキストを太字にする

023

充電

Pixelをモバイルバッテリーにする便利な機能

Pixelには、本体のバッテリー残量を他のスマートフォンやアクセサリに分け与えて充電できる、「バッテリーシェア」機能が備わっている。バッテリーシェアはPixel 5〜8と7 Pro、8 Pro、Foldで利用でき（末尾にaが付く機種は非対応）、Qi規格のワイヤレス充電に対応するデバイスを充電可能だ。たとえばイヤホンの電池が切れそうな時は充電ケースに入れてPixelの背面に乗せるだけで充電できるし、iPhoneをPixelの背面に乗せてワイヤレス充電することも可能だ。いざというときに助かる機能なので覚えておこう。

バッテリー シェア

バッテリー シェアを使用

「設定」→「バッテリー」→「バッテリーシェア」をタップして「バッテリーシェアを使用」をオンにしよう。クイック設定パネルからでもオンにできる。あとはPixelの背面に、ワイヤレス充電が可能なイヤホンやスマートフォンを乗せると、Pixelのバッテリーを使ってそのデバイスを充電できる

スマートフォンのバッテリーが以下の残量になったらバッテリー シェアを停止する：10%

自動的に ON
スマートフォンが充電器に接続されると自動的に短時間ONになります

設定画面の下部にあるスライダーでは、Pixelのバッテリーシェアを自動でオフにする電池残量を10%〜50%の間で設定できる。また「自動的にON」をオンにすると、Pixelを充電器に接続したときにバッテリーシェアが短時間オンになり、Pixelを充電しながら他のデバイスも同時に充電できる

024

音声操作

Googleアシスタントの便利すぎる活用法

Geminiとの使い分けを意識しよう

No001の記事で解説した通り、Pixelのモバイルアシスタント機能は、従来のGoogleアシスタントからGeminiに切り替えることができる。ただし、Geminiは生成AIなので、アプリに何かをさせる作業や、事実の確認などには向いていない。GoogleアシスタントとGemini、それぞれの得手不得手を把握してうまく使い分けるようにしよう。ここでは、Googleアシスタントでしか実行できない内容や、Geminiではうまく処理できない用途をいくつかピックアップして紹介する。

この曲は何?

Googleアシスタントが流れている曲を聴き取って、アーティスト名や曲名、アルバム名、リリース年などの詳細情報を教えてくれる。Geminiでは処理できない内容だ。

人気のポッドキャストを再生して

GeminiだとYouTubeなどのリンクしか表示してくれないが、Googleアシスタントに頼むと、YouTube Musicなどで配信されているポッドキャストからおすすめの番組を探して再生する。

近くに銀行はありますかを英語に翻訳して

Geminiに頼むと、複数の言い回しなどをリストアップするので、シンプルに翻訳結果だけを知りたい場合に向いていない。Googleアシスタントで頼めば、翻訳してすぐに読み上げてくれる。

2019年2月の写真を表示

Geminiではフォトアプリを操作できない。Googleアシスタントに頼むと、その期間の写真を絞り込んで表示してくれるほか、「（人物やペットの名前）の写真を見せて」でも表示する。

ビッグデータの意味は?

用語の意味などを尋ねると、Geminiでも回答されるが、内容が明らかに間違っていることもある。Googleアシスタントだと出典を明示してくれるので、自分で内容を精査して判断できる。

簡単な節約レシピを教えて

Geminiだと、より詳しいレシピや手順を知るためには質問を重ねる必要があるが、Googleアシスタントは最初からレシピサイトのリンクが一覧表示されるので、Geminiで調べるより早い。

POINT

Googleアシスタントに戻す方法

モバイルアシスタントをGeminiからGoogleアシスタントに戻すには、「設定」→「アプリ」→「アシスタント」→「Googleのデジタルアシスタント」をタップ。「Googleアシスタント」にチェックして「切り替える」をタップすれば、すぐに切り替わる。再度Geminiに変更することもできる。

Google のデジタル アシスタントを選択する

Gemini
Google の試験運用中の AI を搭載した Gemini は、あなたの創造力や生産性の向上に役立ちます

Google アシスタント
Google アシスタントは、あなたのやりたいことをお手伝いする音声アシスタントです

「Googleアシスタント」にチェック

025

音声操作

「OK Google」でスリープ中でも Googleアシスタントを起動

まずは自分の声を アシスタントに 認識させよう

GeminiやGoogleアシスタント（No001で解説）を利用する際は、電源キーを長押しするほかに、「OK Google」（「ヘイGoogle」や「ねえGoogle」でもよい）の呼びかけでも起動できる。あらかじめ設定で自分の声を登録しておこう。声の登録が済めば、スリープ中でも「OK Google」でGeminiやGoogleアシスタントを呼び出して実行できる。ただしGeminiの場合、ロック中に操作できるのはタイマーやアラーム、音量の調整などごく一部の機能のみ。Googleアシスタントを使えば、ロック画面でもさまざまな操作を行える。

1 Hey Googleを オンにする

まず「設定」→「アプリ」→「アシスタント」で「OK GoogleとVoice Match」をタップして開き、「このデバイス」タブで「Hey Google」のスイッチをオンにする。

2 自分の声を 登録する

画面に表示された
例文を読み上げる

声の録音や利用について同意したら、アシスタントに自分の声を認識させるために、いくつか例文が表示される。画面の通り読み上げていけば、「OK Google」の利用が可能になる。

3 「OK Google」で ロック中も利用できる

「設定」→「アプリ」→「アシスタント」→「ロック画面」で、「ロック画面でのアシスタントの応答」がオンなら、スリープ中でも「OK Google」の呼びかけでGeminiやGoogleアシスタントが起動する。ただしGeminiを利用する際は、基本的にロック解除が必須。Googleアシスタントなら、「明日の天気は？」「ここから○○までの道順は？」など、さまざまな情報検索や操作を、ロック画面のままで実行してくれる

026

サウンド

マスト！

「OK Google」で 音量を細かく 調整する

音楽や動画の音量は、本体の音量キーや、「設定」→「音とバイブレーション」→「メディアの音量」のスライダーで変更できるが、手動だと決められた段階でしか音量レベルを調整できない。しかし「OK Google」（No025で解説）で起動するGeminiやGoogleアシスタント

を利用すると、「音量を33％にして」や「音量を7％上げて」、「音量を17％下げて」などと伝えて、1％単位で音量を細かく調整できる。また、「現在の音量は？」と尋ねると最大音量の何％かを教えてくれる。ぜひ活用しよう。

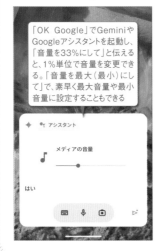

「OK Google」でGeminiやGoogleアシスタントを起動し、「音量を33％にして」と伝えると、1％単位で音量を変更できる。「音量を最大（最小）にして」で、素早く最大音量や最小音量に設定することもできる

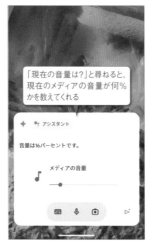

「現在の音量は？」と尋ねると、現在のメディアの音量が何％かを教えてくれる

027

文字起こし

話し声を自動で 字幕として 表示する

Pixelでは、話し声を検出すると画面上に字幕ボックスを表示して、自動的に会話の内容を文字起こししてくれる「自動字幕起こし」機能を利用できる。まず音量キーを押して、音量バーの下に表示される自動字幕起こしボタンをタップしよう。ボタンにスラッシュマークがなけれ

ば機能が有効になっている状態だ。あとは、PixelでYouTube動画を再生したり、電話やLINEで通話すると、話している内容がテキスト化されて字幕ボックスに表示されていく。字幕ボックスはドラッグして好きな場所に移動可能だ。

音量キーを押して、音量バーの下にある自動字幕起こしボタンをタップすれば機能が有効になる

動画を再生したり通話を開始してみよう。話し声を検出すると画面上に字幕ボックスが表示され、会話の内容が自動で文字起こしされていく。字幕ボックスはドラッグして自由に移動でき、ダブルタップするとサイズが大きくなる。下にスワイプすると自動字幕起こしを終了する

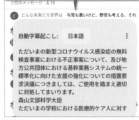

通知内容を音声で確認する

メッセージ内容をGoogleアシスタントに読み上げてもらう

SMSやLINEの通知音が鳴った際に、「OK Google、メッセージを読んで」と伝えると、GeminiやGoogleアシスタントが新着メッセージの内容を読み上げてくれる。そのまま音声で返信メッセージを送ることも可能だ。あらかじめ、「設定」→「通知」→「デバイスとアプリの通知」→「Google」で「通知へのアクセスを許可」をオンにしておき、LINEの設定でも「Googleアシスタント」→「LINE友だちを連絡先に追加」をオンにしておこう。なお、SMSを「＋メッセージ」で送受信していると、読み上げも返信もできない。

1 設定で通知へのアクセスを許可する

オンにする。「デバイスとアプリの通知」に「Google」がない場合は、一度「OK Google、メッセージを読んで」と話しかけることで、設定を変更するよう警告画面が表示され、「デバイスとアプリの通知」画面の「許可されていないアプリ」欄に「Google」が追加される

あらかじめ、「設定」→「通知」→「デバイスとアプリの通知」→「Google」で、「通知へのアクセスを許可」をオンにしておく。

2 モバイルアシスタントで通知を読み上げる

メッセージの読み上げ後に「返信しますか？」と聞かれたら、「はい」と返答すれば、返信メッセージの内容を音声で伝えて送信できる。ただし、読み上げと返信に対応するのは、Googleの「メッセージ」アプリに届いたSMSで、「＋メッセージ」アプリは非対応

SMSの通知音が鳴ったら、「OK Google、メッセージを読んで」と話す。するとGeminiやGoogleアシスタントが内容を読み上げてくれる。

3 LINEでも読み上げと返信が可能

LINEで「設定」→「Googleアシスタント」→「LINE友だちを連絡先に追加」をオンにし、通知設定もオンにしておけば、LINEの新着メッセージを「OK Google、メッセージを読んで」で読み上げたり、音声で返信できるようになる

かかってきた電話の着信音を即座に消す

マスト！

電話の着信音で周りに迷惑をかけないよう、シーンに応じてマナーモード（またはサイレントモード）を利用したいが、つい忘れてしまうことも多い。かかってきた電話に素早く対処しようとしても、焦ってうまく操作できないこともある。そんな時は音量キーの上下どちらかを押すだけで着信音が消えることを覚えておこう。サウンドが消えるだけで着信状態は続いているので、落ち着いて応答、拒否、SMSで返信などの操作を行おう。留守番電話サービスや伝言メモを設定している場合は、そのまましばらく待っていれば自動的に機能が実行される。また、電源キーを押しても着信音を消すことができる。この場合は画面ロック中の着信画面に切り替わり、サウンドが消えて着信状態が継続する。

電話がかかってきたら音量キーの上下どちらかを押す。なお「ふせるだけでサイレントモードをオン」（No030で解説）がオンのときは、画面をふせるだけでも着信音を消せる

画面をふせるだけでサイレントモードにする

Pixelには、通知音や着信音を一時的に消すマナーモード（ミュート）のほかに、通知をオフにしたり特定の人物やアプリからの通知のみ許可できる「サイレントモード」（No167で解説）も用意されている。サイレントモードはクイック設定パネルから手動で機能をオン／オフできるほか、自動でオンにするスケジュールを設定できる。また「設定」→「Digital Wellbeingと保護者による使用制限」→「ふせるだけでサイレントモードをオン」を有効にしておくと画面をふせるだけで機能をオンにできる。

あらかじめ「設定」→「通知」→「サイレントモード」で、サイレントモードの設定を済ませておこう

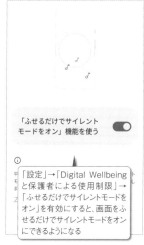

「設定」→「Digital Wellbeingと保護者による使用制限」→「ふせるだけでサイレントモードをオン」を有効にすると、画面をふせるだけでサイレントモードをオンにできるようになる

031

Googleレンズ

気になったものを カメラで写して 検索する

ホーム画面下部の検索バーにある「Googleレンズ」ボタンをタップすると、Googleレンズが起動する。これはカメラに写したものが何かを教えてくれるツールだ。たとえばきれいな花を見かけたら、Googleレンズで撮影するだけでその植物の名前や詳細を表示してくれる。また、街中の建物やランドマークの名前を調べたり、服や靴を撮影して商品名を調べたり価格を比較できるほか、「青」などのキーワードを追加して色違いのアイテムを探すことも可能だ。画面内のテキストを選択したり翻訳する機能も備えている。

ホーム画面下部の検索バーにあるGoogleレンズボタンをタップする

Googleレンズが起動したら、調べたいものにカメラを向けてシャッターボタンをタップしよう

植物や建物、ランドマークなどを写すと名称の候補や詳細が表示される。商品を写して購入可能なサイトを表示したり、看板やラベルを写してテキストのコピーや翻訳を行うこともできる

032

壁紙

AIで作った オリジナル壁紙を 設定する

原稿執筆時点ではPixel 8と8 Proのみ、画像生成AIを利用してオリジナル壁紙を作成する「AI壁紙」を利用可能だ。AI壁紙では、まずテーマを選択して壁紙を生成する。その壁紙に使われた指示文（プロンプト）が表示されるので、一部を別の言葉に差し替えて、どんどん新しい壁紙を生成していこう。同じプロンプトで生成された壁紙でも、左右にフリックすれば少し違う壁紙を選択できる。納得のいく壁紙ができあがったら、チェックボタンをタップして壁紙に設定しよう。一度使用した壁紙は保存されるので、あとからでも再設定できる。

「設定」→「壁紙とスタイル」で「その他の壁紙」をタップし、「AI壁紙」をタップ。テーマを選択すると、AIが生成した壁紙が表示される

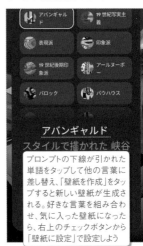

プロンプトの下線が引かれた単語をタップして他の言葉に差し替え、「壁紙を作成」をタップすると新しい壁紙が生成される。好きな言葉を組み合わせ、気に入った壁紙になったら、右上のチェックボタンから「壁紙に設定」で設定しよう

033

文字入力

マスト！

よく使う単語や文章を 辞書登録しておこう

文字入力を 快適にする 事前の準備

よく入力するものの標準ではすぐに変換されない固有名詞や、ネットショッピングや手続きで入力が面倒な住所、メールアドレスなどは、ユーザー辞書に登録しておけば素早い入力が可能だ。例えば、「めーる」と入力して自分のメールアドレスに変換できれば、入力の手間が大きく省ける。また、挨拶などの定型文を登録しておくのも便利な使い方だ。ここでは、Pixel標準のキーボード「Gboard」での辞書登録方法を紹介するが、他のキーボードでも同じような操作なので、迷うことはないはずだ。

1 ユーザー辞書 を登録する

日本語

タップして登録開始

単語リストに保存された単語はありません。単語を追加するには、追加ボタン [+] をタップします。

「設定」→「システム」→「キーボード」→「画面キーボード」→「Gboard」→「単語リスト」→「単語リスト」→「日本語」でユーザー辞書登録画面を開き、「＋」ボタンをタップ。Gbord以外のキーボードを使っている場合は、「画面キーボード」で使用中のキーボードを選び、「辞書」や「ユーザー辞書」といったメニューを開こう。

2 単語と読みを 登録する

日本語

東京都新宿区四谷三栄町12-4

よみ：
じゅうしょ

ここでは「じゅうしょ」と入力して、実際の住所に変換できるようにした

上の欄に単語（変換したい固有名詞やメールアドレス、住所、定型文など）を入力。下の欄に入力文字（読みなど）を入力する。

3 変換候補を 確認しよう

From aoyama1982@gmail.com

宛先

件名

じゅうしょ

東京都新宿区四谷三栄町12-4　　住所

「じゅうしょ」と入力した際の変換候補に、登録した住所が表示されるようになった

034
クイックフレーズ

クイックフレーズで着信やアラームに対応する

GeminiやGoogleアシスタントに音声で頼む際は、通常「OK Google」と呼びかける必要があるが、「クイックフレーズ」の設定を有効にしておけば、アラームやタイマーの操作と、着信時の対応のみ、「OK Google」の呼びかけなしですぐに実行できる。例えばアラームが鳴ったときは「ストップ」と伝えればすぐに停止でき、着信があった際は「拒否する」と伝えるだけで応答拒否できる。ただし着信のクイックフレーズがオンだと、「応答」に似た発音に反応して意図せず電話に出ることもあるので注意しよう。

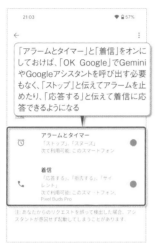

「設定」→「アプリ」→「アシスタント」→「クイックフレーズ」をタップする

「アラームとタイマー」と「着信」をオンにしておけば、「OK Google」でGeminiやGoogleアシスタントを呼び出す必要もなく、「ストップ」と伝えてアラームを止めたり、「応答する」と伝えて着信に応答できるようになる

035
スクリーンショット

マスト！

画面のスクリーンショットを保存する方法

PixelをはじめほとんどのAndroidスマートフォンの共通操作として、電源キーと音量キーの下(マイナス)を、同時に押す(機種によっては1秒程度の長押し)ことで、簡単に表示中の画面を撮影(スクリーンショット)して保存できる。また、スクリーンショット撮影時に表示されるサムネイルのメニューで「キャプチャ範囲を拡大」ボタンをタップして範囲指定すると、表示されていない部分も含めた全画面スクリーンショットを保存できる。ただし、パスワード入力画面や動画配信サービスの再生画面など、アプリや機能によっては、スクリーンショットを撮影できない場合もあるので要注意。保存したスクリーンショットは、フォトアプリの「ライブラリ」で「Screenshots」を開けば確認できる。もちろんカメラで撮影した写真データと同様に扱うことが可能だ。

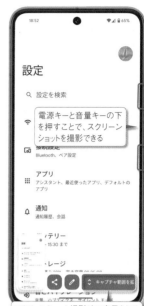

電源キーと音量キーの下を押すことで、スクリーンショットを撮影できる

スクリーンショット撮影時に表示されるサムネイルのメニューで、「キャプチャ範囲を拡大」ボタンをタップすると、全画面スクリーンショットを保存できる(No092で解説)

036
画面録画

画面の動きを動画として保存する

特定のアプリか画面全体を選んで録画

Pixelには、画面の操作などを動画として保存できる「スクリーンレコード」機能が標準で用意されている。クイック設定ツールにある「スクリーンレコード開始」をタップして、メニューから「1つのアプリ」を録画するか「画面全体」を録画するかを選択しよう。「1つのアプリ」は選択したアプリの画面のみを録画するモードで、途中でホーム画面に戻ったり通知が届いても録画されることはない。「画面全体」は画面全体を録画し、複数のアプリにまたがった操作を収録できる。また画面上のタップ操作も録画可能だ。

1 スクリーンレコードの開始と終了

タップして次の画面で「録画を開始」をタップ。クイック設定ツールにない場合は、No177の手順で追加しておく

通知パネルで「停止」をタップして終了

クイック設定ツールを開き、「スクリーンレコード開始」をタップすると録画を開始できる。録画中はステータスバーに赤いアイコンが表示され、通知パネルを開いて「停止」をタップすると録画を終了する。

2 選択したアプリの画面のみ録画する

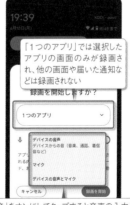

「1つのアプリ」では選択したアプリの画面のみが録画され、他の画面や届いた通知などは録画されない

「録音」をオンにしてタップすると音声の入力元を選択できる。音楽やゲームなどアプリのサウンドを録音したい場合は「デバイスの音声」を、自分の声を録音したい場合は「マイク」を選択。「デバイスの音声とマイク」で両方録音することもできる

録画の設定画面で「1つのアプリ」を選択し、「録画を開始」をタップ。次の画面でアプリを選択すると、そのアプリの画面のみを録画できる。他のアプリの操作や通知などは録画されない。

3 画面全体を録画する

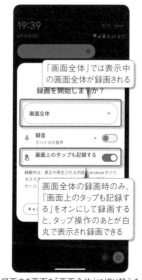

「画面全体」では表示中の画面全体が録画される

画面全体の録画時のみ、「画面上のタップを記録する」をオンにして録画すると、タップ操作のあとが白丸で表示され録画できる

録画する画面を「画面全体」に切り替えると、画面上の操作がそのまま録画される。複数のアプリの操作を記録したい場合などはこちらを選択しよう。画面上のタップを記録することもできる。

037

Wi-Fi

マスト！

Wi-Fiのパスワードを 素早く共有する

QRコードや Quick Shareで Wi-Fi接続できる

Pixelには、接続済みのWi-Fiパスワードを、他のユーザーと簡単に共有する機能が用意されている。自宅に招待した友人に、いちいち十数桁のパスワードを伝える必要がなくなるので覚えておこう。共有する側は、設定の「ネットワークとインターネット」→「インターネット」で接続中のWi-Fiネットワークの歯車ボタンをタップし、「共有」をタップ。指紋認証などを済ませるとQRコードが表示されるので、これを相手に読み取ってもらうか、「Quick Share」ボタンで共有（No016で解説）しよう。

1 接続中のWi-Fiの 「共有」をタップ

共有する側は「設定」→「ネットワークとインターネット」→「Wi-Fiとモバイルネットワーク」を開き、接続中のWi-Fiネットワークの歯車ボタンをタップ。続けて「共有」をタップ。

2 QRコードやニアバイ シェアで共有する

表示されるQRコードを相手に読み取ってもらうか、「Quick Share」ボタンをタップして近くのAndroidスマートフォンに送信する。

3 QRコードを 読み取る方法

ネットワークを追加

「設定」→「ネットワークとインターネット」→「インターネット」の画面下部にある「ネットワークを追加」をタップし、SSIDの入力欄右にあるボタンをタップすると、QRコードリーダーが起動して読み取れる

QRコードはカメラアプリをかざすだけで読み取ることが可能だ。「ネットワークを追加」画面に用意されているQRコードリーダーを使ってもよい。

038

マスト！

アプリ購入時も 指紋や顔で 認証を行う

セキュリティ

指紋認証や顔認証に対応するPixelでは、画面のロック解除のみならず、Playストアでの有料コンテンツ購入時にも生体認証機能を利用可能だ。「Playストア」アプリのアカウントボタンをタップしてメニューを表示し、「設定」→「購入の確認」を開いて「生体認証システム」をオンにする。次に、その下の「確認の頻度」をタップし設定を行う。これでPlayストアで支払いが発生する際には、指紋や顔による認証処理が必要となる。セキュリティ強度アップや誤購入の防止と共に、購入操作もスムーズになる。

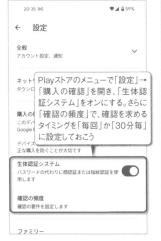

Playストアのメニューで「設定」→「購入の確認」を開き、「生体認証システム」をオンにする。さらに「確認の頻度」で、確認を求めるタイミングを「毎回」か「30分毎」に設定しておこう

アプリなどの有料コンテンツ購入時は、「1クリックで購入」をタップすると、指紋や顔による生体認証を求められるようになる

039

マスト！

日本語と英語の ダブル検索で ベストアプリを発見

画面操作

Playストアでアプリを探す際は、単純に日本語だけで検索していないだろうか。自分の目的にあったアプリをしっかり探し出すには、検索キーワードに工夫が必要だ。たとえば、リマインダー系のアプリを探す場合、「リマインダー」と検索するだけでは不十分。英語の「reminder」でも検索してみよう。すると、また別のアプリが表示されるはずだ。他にも、「タスク管理」「Task」「ToDo管理」「ToDo list」など、同じ機能を表す他の言い回しで検索してみれば、幅広い検索結果から優秀なものを探し出せるはずだ。

うまくアプリを探し出すには、検索キーワードをいくつか変えてみるのが重要。例えば「リマインダー」ではこのような検索結果

英語の「reminder」で検索すると、また違うアプリが上位に表示される。日本語の検索結果の方が日本語に最適化されたものがヒットしやすいが、英語だとダウンロード数や評価の高いアプリがヒットしやすい。見比べて、良さそうなアプリを選ぼう

2

電話・
メール・*LINE*

Pixelには電話をもっと便利に使うための
機能も搭載されている。また、電話の機能を強化する
アプリを使えるのもAndroidならではだ。
ここでは、電話の便利技とGmailやLINEの
一歩進んだテクニックを公開する。

電話に出なくても相手や要件を確認できる通話スクリーニング機能

かかってきた電話にGoogleアシスタントが応対してくれる

知らない番号からの電話に出ると、高確率で営業電話や自動アンケートだったりして、忙しい時に余計な時間を取られ集中力が削がれた経験のある人は多いだろう。見覚えのない番号は全部無視すればよいかといえばそれも難しく、電話の最大の不満は、未知の相手に対して応答するまで名前や用件が分からない点に尽きる。これを解決してくれるのが、Pixelの標準「電話」アプリに搭載されている「通話スクリーニング」機能だ。

電話の着信があると応答画面やバナーに「スクリーニング」ボタンが表示されるので、タップしてみよう。自分が電話に出る代わりに、Googleアシスタントが応答してくれて、しかも相手が話す内容を自動で文字起こししてくれる。この文字起こしされたテキストを見て、不要な電話だと判断したら通話終了ボタンをタップして電話を切ればよい。必要な電話なら応答ボタンをタップすれば電話に出られるし、今は電話に出られないなら、定型文をタップすることでGoogleアシスタントが読み上げ、会話を継続することもできる。また文字起こしされたテキストは、あとから「履歴」画面でいつでも確認することが可能だ。なお、通話スクリーニングを利用するのに特に設定は必要なく、電話アプリが最新バージョンなら「スクリーニング」ボタンが表示される。電話アプリの右上のオプションボタンから「設定」→「通話スクリーニング」をタップすると、音声の変更などが可能だ。

通話スクリーニングの使い方と履歴の確認

1 スクリーニングボタンをタップ

タップ

Pixel標準の「電話」アプリが最新バージョンになっていれば、設定は特に必要ない。電話がかかってきた際に、着信画面やバナーに「スクリーニング」ボタンが表示されるので、これをタップしよう。

2 通話内容が自動で文字起こしされる

相手が話した内容は自動的に文字起こしされるので、必要な電話かを判断できる

不要な電話なら通話終了ボタンをタップして電話を切ればよい。応答ボタンをタップするとすぐに電話に出られる

AIが代わりに応答し、相手には「おかけになったお相手はGoogleの通話スクリーニング機能を利用しているため……」とアナウンスが流れる。また相手が話した内容も自動で文字起こしされテキストで確認できる。

3 定型文で会話を継続したり電話を切る

下部の定型文をタップするとGoogleアシスタントが読み上げて相手に伝える

必要な電話だが今は電話に出られない時は、下部の定型文をタップすると、Googleアシスタントの読み上げで会話を継続したり、「後ほど折り返す」といった用件を伝えてから自動的に電話を切ることができる。

4 履歴で文字起こしの内容を確認

通話スクリーニングで文字起こしされた内容を確認できる

通話スクリーニング中に相手が電話を切ってしまった場合も心配はいらない。履歴画面を開くと、文字起こしされたテキストが履歴として残っており、あとからでも通話内容を確認できる。

5 より古い履歴を確認する

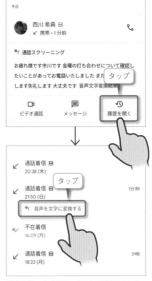

タップ

タップ

着信があった相手の、過去の通話スクリーニングによる文字起こしを確認したい時は、履歴をタップして「履歴を開く」で履歴一覧を開き、確認したい日時の「音声を文字に変換する」をタップすればよい。

POINT

通話スクリーニングが表示されない場合は

通話スクリーニングは特に設定の必要もなく使えるが、本体の再起動後などは、着信画面にスクリーニングボタンが表示されなくなったり、電話アプリの設定から「通話スクリーニング」項目が消えることがある。しばらく待つか電話アプリを一度完全に終了させることで直る場合が多いが、それでも表示されない時は、本体の「設定」→「アプリ」→「○個のアプリをすべて表示」をタップして「電話」を選択。右上のオプションメニューボタンから「アップデートのアンインストール」をタップして、一度電話アプリを初期化しよう。その後Playストアで電話アプリを最新にアップデートすると、「通話スクリーニング」が表示されるようになる。

041

電話

周囲の騒音を低減してクリアな音声で通話する

Pixel 7以降であれば、設定で「クリア音声通話」をオンにしておくことで、音声通話中の周囲の雑音が低減される。通話状況にもよるが、工事などで周りが騒がしい場所でもお互いの声が届きやすくなるので、基本的にオンにしておくのがおすすめだ。相手が保留中に流れるミュージック音量なども小さくなる。なお、クリア音声通話は基本的にPixel標準の電話アプリで利用できる機能だが、Pixel 8およびPixel 8 Proなら、一部の他社製アプリ(対応アプリは明記されていない)でのWi-Fi通話にも対応する。

「設定」→「音とバイブレーション」→「クリア音声通話」をタップする

「クリア音声通話を使用」をオンにしよう。これで通話中に周囲の雑音が遮断されて、相手に自分の声が届きやすくなり、相手の声もはっきり聞こえるようになる

042

電話

電話の相手の保留が解除されたら通知する

サポートセンターやお店に電話をかけた際に、通話が保留となり長時間待たされた経験がある人も多いだろう。Pixelの「代わりに待ってて」機能を使えば、もう「現在大変電話が込み合っております……」というアナウンスを聞き流しながら電話の前で待機する必要はない。Googleアシスタントが代わりに電話を待機してくれて、保留が解除され担当者が応答したと判断すると、自動的に音や画面で通知してくれるのだ。なお、この機能はPixel標準の電話アプリで利用でき、あらかじめ設定を有効にしておく必要がある。

電話アプリを起動したら、右上のオプションメニューボタンから「設定」→「「代わりに待ってて」機能」をタップ。「代わりに待ってて」のスイッチをオンにしておこう

電話をかけた際に、通話相手が保留や自動案内になったタイミングで「代わりに待ってて」ボタンが表示されるので、タップして「OK」をタップ。そのまま電話を切らずに放置しておく。担当者が電話に出ると通知音が鳴るので、「通話に戻る」をタップして電話に出よう

043

着信拒否

着信拒否をより詳細に設定、管理する

標準機能のほかにアプリも活用して柔軟に管理しよう

しつこい勧誘電話や迷惑電話をブロックするには、電話アプリの設定や履歴から電話番号を着信拒否しておけばよい。ただ、もっと柔軟に管理したいなら「Calls Blacklist」の導入がおすすめだ。ブロックのスケジュールやホワイトリストを設定できるほか、「冒頭が1の電話番号を拒否」といった設定もできるので、特に海外からの迷惑電話を強力に遮断してくれる。

APP

Calls Blacklist
作者／Enchan L
価格／無料

1 着信拒否したい番号を追加する

オンにすると、公衆電話や不明な発信者からの着信を拒否できる

タップして着信拒否したい番号を入力

電話アプリの右上にあるオプションメニューボタンから「設定」→「ブロック中の電話番号」→「番号を追加」をタップして、着信拒否したい番号を追加できる。

2 着信履歴から着信拒否する

タップ

着信があった番号を拒否したい場合は、着信履歴をロングタップして、「ブロックして迷惑電話として報告」→「ブロック」をタップすれば拒否できる。

3 アプリで着信拒否する

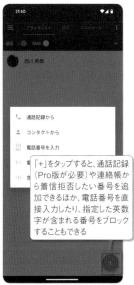

「+」をタップすると、通話記録(Pro版が必要)や連絡帳から着信拒否したい番号を追加できるほか、電話番号を直接入力したり、指定した英数字が含まれる番号をブロックすることもできる

着信拒否をより細かく管理するには「CallsBacklist」が便利。拒否したい番号を「ブラックリスト」タブに登録しておけば、着信を自動的に拒否してくれる。

044

通話

電話に出られない時は メッセージで応対しよう

出られないことや 後でかけ直す旨を SMSで送信する

会議中や移動中など電話で会話できない時、SMSで応答拒否メッセージを送信することができる。電話に出てコソコソと「後でかけ直します」と応答しなくても「会議中です。後でかけ直します」といった具体的な状況をテキストで届けることが可能なので、失礼な対応も避けられるはずだ。メッセージは標準で4つ用意されており、それぞれ自由に編集可能だ。例えば頻繁に電車移動をする人は「電車で移動中です。駅に着いたら折り返します」といったメッセージを用意しておけば使い勝手がよい。

1 着信の通知を タップする

タップすると電話アプリの画面に切り替わる

電話が着信すると画面上部にバナーとして通知される。応答や拒否、スクリーニングボタンではなく、名前や電話番号の表示部分をタップしよう。

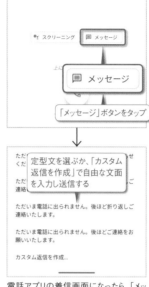

2 電話着信画面から SMSを送信する

「メッセージ」ボタンをタップ

定型文を選ぶか、「カスタム返信を作成」で自由な文面を入力し送信する

電話アプリの着信画面になったら、「メッセージ」ボタンをタップする。定型文が表示されたら選んで送信しよう。

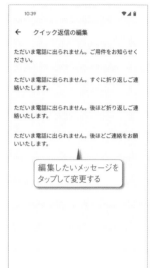

3 よく使うメッセージ を編集、登録する

編集したいメッセージをタップして変更する

メッセージの定型文は編集も可能。電話アプリの画面右上にあるオプションメニューボタンをタップし、「設定」を開く。続け「クイック返信」をタップして、メッセージの編集を行おう。

045

着信音

マスト！ 相手によって着信音 を変更しよう

Pixelには多様なサウンドの着信音が用意されており、連絡先ごとに個別の着信音を割り当てることができる。また、端末に転送した音楽ファイルを着信音として設定することも可能だ。家族や友人の着信音だけ好みの音楽にしたり、重要な取引先だけサウンドを変更するなど、さまざまな設定パターンが考えられる。なお、着信音を「なし」に設定した場合は、着信時に「ポン、ポン」という通知音が鳴る。完全に無音にしたい場合は、無音の音声ファイルを購入するか作成して、Pixelに転送し着信音として選択すればよい。

「連絡帳」アプリで着信音を変更したい連絡先を選択し、右上のオプションメニューボタンから「着信音を設定」をタップ

本体内蔵の着信音から好きなものを選択し、「保存」をタップしよう。なお「マイサウンド」では、本体の「Ringtones」フォルダに保存した着信音ファイルが一覧表示されるほか、「なし」を選択可能だ。また右下の「＋」ボタンから、本体やGoogleドライブ内に保存している音楽ファイルを選択できる

046

電話

電源ボタンを押して 通話を終了できる ようにする

電話アプリで通話を終了するには、通話画面の下に大きく表示されている通話終了ボタンをタップすればいいが、通話を終えるのにいちいち画面を確認するのは煩わしい場合もあるだろう。そこで、「設定」→「ユーザー補助」→「システム操作」にある「電源ボタンで通話を終了」をオンにしておこう。本体側面の電源キーを押すだけで、すぐに通話を終了できるようになる。この設定を適用したあとも画面の「通話終了」ボタンは有効だ。なお、通話中に誤って電源ボタンを押さないよう注意が必要になる。

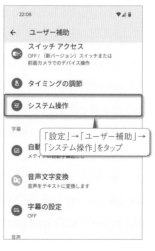

「設定」→「ユーザー補助」→「システム操作」をタップ

「電源ボタンで通話を終了」をオンにしよう

047

電話

留守電を文字と音声で受信する

留守番電話に残されたメッセージ内容を、自動的にテキスト化してプッシュ通知してくれる、ソースネクストの留守番電話サービス。いちいち留守番電話サービスにかけ直さなくても、すぐにメッセージ内容を確認できる。利用料金は月額319円だ。

APP

スマート留守電
作者／SOURCENEXT
CORPORATION
価格／無料

購入する前に、まず「動作テスト」をタップして動作を検証しておこう。テスト用の電話番号に発信すると、スマート留守電に接続され、メッセージを録音できる

お疲れ様です青山です水曜のスケジュールについて確認したいことがあり電話致しましたまた後ほど改めて電話いたします

留守番電話のメッセージが自動的にテキスト化され、プッシュ通知される。再生ボタンをタップすれば音声でも確認できる。メッセージをメールやLINE、Slackに転送することも可能だ

048

連絡先

マスト！

連絡先をラベルでグループ分けする

標準インストールされている「連絡帳」アプリでは、連絡先を「ラベル」でグループ分けすることもできる。連絡帳アプリを起動したら、検索欄下のラベルボタンをタップし、メニューから「新しいラベル」をタップ。「仕事」や「友人」といったラベルを作成しておこう。あとは作成し

たラベルをタップして右上の追加ボタンをタップし、連絡先を追加していけばよい。連絡先をひとつ選んでロングタップすると複数選択モードになるので、他の連絡先をタップして選択いけば、複数の連絡先をまとめて登録することが可能だ。

タップして「仕事」や「友人」といったラベルを作成しておく

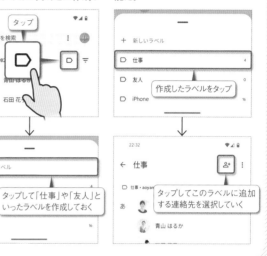

作成したラベルをタップ

タップしてこのラベルに追加する連絡先を選択していく

049

連絡先

マスト！

連絡先のデータをパソコンで編集する

Googleアカウントに保存してGoogleコンタクトで編集

Pixelで作成した連絡先は、保存先をGoogleアカウントにしておけば、同じGoogleアカウントでログインしたタブレットや、パソコンのWebブラウザからも、連絡先データの閲覧や編集を行える。大量の新規連絡先を登録する場合などは、Pixelでひとつひとつ入力していくよりも、パソコンで電話番号やメールアドレス、住所をまとめて入力していったほうが効率的で楽だ。パソコンのWebブラウザで「Google コンタクト」（https://contacts.google.com/）にアクセスして編集を行おう。

1 Googleコンタクトにアクセスする

パソコンのWebブラウザで「Googleコンタクト」にアクセスし、Pixelと同じGoogleアカウントでログイン。既存の連絡先にカーソルを合わせて鉛筆ボタンをクリックする。

2 連絡先情報を入力して「保存」をクリック

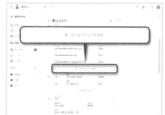

連絡先の編集モードになる。複数のメールや電話番号は、「メールアドレスを追加」や「電話番号を追加」をクリックすれば追加できる。入力を終えたら「保存」をクリック。

3 新規連絡先を作成するには

左上の「連絡先を作成」→「連絡先を作成」または「複数の連絡先を作成」をクリックすると、新規連絡先を作成できる。

4 連絡先を削除する

複数の連絡先の名前の横にあるチェックボックスにチェックし、オプションボタン（3つのドット）から「削除」をクリックすると削除できる。

050

連絡先

重複した連絡先を統合して整理する

連絡先をGoogleアカウントに同期しておけば、Pixelでもパソコンでも同じデータを利用できるが、複数の端末から連絡先を登録していると、同じ人のデータが重複してしまうことがある。そんな時は、連絡先データを統合しよう。Googleの「連絡帳」アプリで「整理」→「統合と修正」→「重複する連絡先の統合」をタップすれば、重複している連絡先の候補が表示され統合できる。統合する連絡先を自分で選択したい場合は、オプションメニューから「選択」をタップし、統合する連絡先を選択していけばよい。

GooglePixel
Benrisugiru
Techniques
Section

「連絡帳」アプリの下部メニューで「整理」をタップし、「統合と修正」→「重複する連絡先の結合」をタップ。重複して登録されている連絡先が表示されるので、個別に「統合」または「すべて統合」をタップして統合しよう

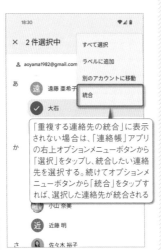

「重複する連絡先の統合」に表示されない場合は、「連絡帳」アプリの右上オプションメニューボタンから「選択」をタップし、統合したい連絡先を選択する。続けてオプションメニューボタンから「統合」をタップすれば、選択した連絡先が統合される

051

マスト！

連絡先

誤って削除した連絡先を復元する

「Googleコンタクト」の連絡先はクラウドに保存されているため、たとえばPixelで連絡先を削除すると、他のデバイスとも同期され確認できなくなってしまう。しかし誤って連絡先を削除した場合でも30日以内であれば、連絡帳アプリの「整理」→「ゴミ箱」に連絡先が残っているおり簡単に復元が可能だ。また連絡先に加えた変更を取り消し元に戻したい時は、「連絡帳の設定」→「変更を元に戻す」で、連絡先の状態を10分前／1時間前／昨日／1週間前か指定した日時の状態に戻せる。

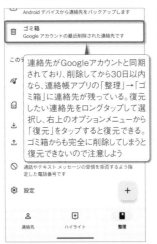

連絡先がGoogleアカウントと同期されており、削除してから30日以内なら、連絡帳アプリの「整理」→「ゴミ箱」に連絡先が残っている。復元したい連絡先をロングタップで選択し、右上のオプションメニューから「復元」をタップすると復元できる。ゴミ箱からも完全に削除してしまうと復元できないので注意しよう

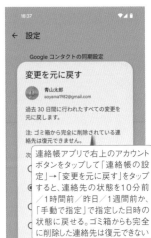

連絡帳アプリで右上のアカウントボタンをタップして「連絡帳の設定」→「変更を元に戻す」をタップすると、連絡先の状態を10分前／1時間前／昨日／1週間前か、「手動で指定」で指定した日時の状態に戻せる。ゴミ箱からも完全に削除した連絡先は復元できない

052

連絡先

家族や友人の誕生日や記念日をリマインド

「連絡帳」アプリでは、誕生日や結婚記念日などの重要な日付を忘れないように、リマインダーを設定し、通知してもらうことが可能だ。リマインダーを設定したい連絡先を開いて、下の方にある「リマインダー」をタップ。「新しいリマインダー」（重要な日付を追加済みの場合は「新しい重要な日」）をタップして、誕生日などのラベルと日付、通知するタイミングを選択していこう。なお、下部メニューの「整理」画面で「リマインダー」をタップすると、重要な日付が設定されている連絡先をまとめて確認できる。

リマインダーを設定したい連絡先を開いたら、下の方にスクロールして「リマインダー」をタップする

「新しいリマインダー」（または「新しい重要な日」）をタップして、誕生日や記念日などのラベルと日付を選択。通知するタイミングを、当日や2日前、7日前、2週間前から選択して「保存」をタップすれば、リマインダーがセットされる

053

ステッカー

絵文字を組み合わせてステッカーを作成する

Pixelの標準キーボードである「Gboard」には、選択した2つの絵文字を組み合わせて、オリジナル絵文字のステッカーを作成する機能（Emoji Kitchen）が搭載されている。例えば猫と幽霊の絵文字で猫の幽霊になり、クジラとスイカの絵文字でスイカ柄のクジラが生成される。また、パンダを2回タップすると親子パンダになるなど、同じ絵文字の組み合わせも可能だ。かなり自由度が高いので色々な組み合わせを試してみよう。作成したステッカーは、GmailやLINE、X（旧Twitter）などさまざまなアプリで利用できる。

LINEなどの入力欄で絵文字キーボードに切り替える。連続で選ぶと絵文字2つが合成される仕組みだ

タップした2つの絵文字が合成され、上段の一番左のエリアに表示される。これをタップすると、ステッカーとして相手に送信できる

電話やメッセージをパソコンからも利用できるようにする

Windowsと Pixelを 連携させる

パソコンに向かって作業中に、離れたところで電話が鳴った場合、わざわざ席を立ってPixelを手に取らなくても大丈夫。Windows 10以降に標準で用意されている「スマートフォン連携」（Phone Link）アプリと、Pixelにインストールした「Windowsにリンク」アプリの設定を済ませることで、パソコンの画面から電話の発着信を行えるのだ。Bluetoothを経由して連携するため、Bluetooth接続のヘッドセットだとうまく通話できない場合がある点に注意しよう。また、Pixelで撮影した写真をパソコンで表示したり、Pixelに届いた通知をパソコンで確認することもできる。

そのほか、Pixelに届いたSMSを確認することも可能だ。ただし、「スマートフォン連携」アプリで同期できるのは、Android標準の「メッセージ」アプリに届いたSMSのみ。「＋メッセージ」など他社製アプリは同期されないので、あらかじめ標準の「メッセージ」をデフォルトのメッセージアプリとして設定しておこう。また、標準の「メッセージ」にはWeb版も用意されており、「デバイスをペア設定」を設定するだけで、Webブラウザから簡単にSMSを送受信できる。パソコンでSMSを利用するだけなら、Web版メッセージを使ったほうが手軽だ。

APP

Windowsにリンク
作者／Microsoft Corporation
価格／無料

「スマートフォン連携」と「Windowsにリンク」の使い方

1 スマートフォン連携 アプリを設定する

標準でインストールされている「スマートフォン連携」をクリックして起動

「Android」をクリックしてQRコードを表示

Windowsで「スマートフォン連携」アプリを起動したら、「お使いのデバイスを選択します」で「Android」をクリックしよう。すると画面にQRコードが表示される。

2 Windowsにリンク アプリを設定する

タップ

Pixelに「Windowsにリンク」アプリをインストールして起動。「PCでQRコードを使用してサインイン」をタップし、パソコン側に表示されたQRコードを読み取ろう。Microsoftアカウントでサインインしてもよい。

3 コードを入力し アクセスを許可する

パソコンに表示されているコードを入力

パソコン側に表示されているコードを入力して「続行」をクリック。あとは画面の指示に従って、SMSや電話、連絡先、写真などのアクセスを許可していけば、デバイスのリンクが完了する。

4 電話やメッセージを パソコンから使う

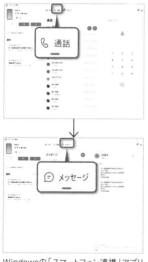

通話

メッセージ

Windowsの「スマートフォン連携」アプリで、上部メニューから「通話」画面を開くと、パソコンから電話を発着信でき、通話履歴なども表示される。また「メッセージ」画面を開くと、パソコンからメッセージを送受信できる。

5 メッセージアプリの Web版を利用する

タップ

デフォルトで使用するSMSアプリは、「設定」→「アプリ」→「デフォルトのアプリ」→「SMSアプリ」で変更できる。「＋メッセージ」からGoogleの「メッセージ」に変更したい際などにチェックしよう

パソコンでSMSを送受信するだけなら、「スマートフォン連携」を使うよりも、メッセージアプリのWeb版を使った方がスムーズだ。まず、Pixelでメッセージアプリを起動し、右上のユーザーボタンをタップ。続けて「デバイスをペア設定」をタップする。

6 Web版メッセージと 同期する

Googleアカウントでログインしイラストを確認

Pixelのメッセージの画面から、同じイラストを選択する

パソコンのWebブラウザで https://messages.google.com/webにアクセスし、Googleアカウントでログイン。表示されるイラストと同じイラストを、Pixelのメッセージアプリの画面で選択すれば連携が完了する。

電話・メール・LINE

055

Gmail

マスト！

Googleの標準メールアプリ Gmailを利用しよう

Google アカウントで利用できる便利なメールサービス

Googleアカウントを作成すると、自動的に使えるGoogleのメールサービスが「Gmail」だ。Googleアカウントの「○○@gmail.com」が、そのままGmailのメールアドレスとなり、標準のGmailアプリやWebブラウザを使ってメールをやり取りできる。このGmailは、無料ながら15GBもの大容量を利用でき、強力なメール検索や迷惑メールのブロック機能、「ラベル」「フィルタ」を使った自動分類保存、添付ファイルの Google ドライブ保存など、さまざまな便利機能を備える使いやすいメールサービスとなっている。特に便利なのが、同じGoogleアカウントでログインするだけで、他のスマートフォンやiPhone、パソコンなど、さまざまなデバイスでいつでも最新のメールを読める点。また、メールの本体はクラウド上に保存されるので、機種変更時はバックアップの手間も必要なく、新しい機種に以前と同じGoogleアカウントを追加するだけでまったく同じメールを読める。

なお、Gmailアプリは「○○@gmail.com」アドレスでメールをやり取りするだけでなく、自宅や会社のメールアカウントを追加して送受信できるメールクライアントとしての機能も備える。単に自宅や会社のメールをGmailアプリで送受信するだけならアプリ単体で設定できるが、自宅や会社のメールでもラベル機能やフィルタ機能を使いたい場合は、No056 で解説している手順に従って設定を済ませよう。

GooglePixel
Benrisugiru
Techniques
Section

2

新規メールを作成して送信する

1 新規作成ボタンをタップする

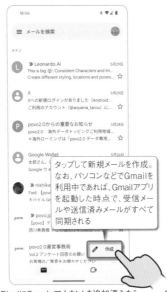

タップして新規メールを作成。なお、パソコンなどでGmailを利用中であれば、Gmailアプリを起動した時点で、受信メールや送信済みメールがすべて同期される

PixelにGoogleアカウントを追加済みなら、Gmailアプリを起動した時点でメールを利用できる。メールを作成するには、画面右下のボタンをタップ。

2 メールの宛先を入力する

連絡先に登録されている候補が表示されたら、タップして選択する。登録されていない宛先は、メールアドレスを入力して送信する

Gmailに連絡先へのアクセスを許可しておけば、「宛先」欄にメールアドレスや名前の入力を始めた時点で、連絡先内の宛先候補がポップアップ表示されるので、これをタップ。

3 件名や本文を入力して送信

タップして送信

件名や本文を入力し、上部の送信ボタンをタップすればメールを送信できる。作成途中で受信トレイなどに戻った場合は、自動的に「下書き」に保存される。

受信したメールを読む／返信する

1 読みたいメールをタップ

タップ

受信トレイでは未読メールの送信元や件名が黒い太字で表示される。既読メールは文字がグレーになる。読みたいメールをタップしよう。

2 メール本文の表示画面

矢印ボタンで返信。オプションメニューボタンで全員に返信や転送を行える。また絵文字ボタンをタップすると、絵文字のリアクションでメールに返信できる

メール下部のボタンでも、返信や全員に返信、転送、絵文字でのリアクションを行える

メールの本文が表示される。返信／全員に返信／転送は、送信者欄右のボタンやメール最下部のボタンから行える。

POINT

Gmailアプリに自宅や会社のアカウントを追加する

メールのセットアップ

画面上部の検索ボックス左にある三本線のボタンをタップ。続けて「設定」→「アカウントを追加する」→「その他」をタップ

メニューから「設定」→「アカウントを追加する」で「その他」をタップすると、自宅や会社のアカウントを追加してGmailアプリで送受信できる。受信トレイなどの画面右上にあるユーザーボタンをタップすると、追加した他のアカウントが表示されるので、タップして切り替えよう。

マスト!

Gmailアカウントに会社や プロバイダメールを登録する

会社や自宅のメールは「Gmailアカウント」に設定して管理しよう

No055で解説した「Gmail」アプリには、会社や自宅のメールアカウントを追加して送受信することもできる。ただし、単にGmailのアプリに他のアカウントを追加するだけの方法では、Pixelで送受信した自宅や会社のメールは他のデバイスと同期されず、Gmailのサービスが備えるさまざまな機能も利用できない。

そこで、自宅や会社のメールを「Gmailアプリ」に設定するのではなく、「Gmailアカウント」に設定してみよう。アカウントに設定するので、同じGoogleアカウントを使ったタブレットやiPhone、パソコンで、まったく同じ状態の受信トレイ、送信トレイを同期して利用できる。また、ラベルとフィルタを組み合わせたメール自動振り分けや、ほとんどの迷惑メールを防止できる迷惑メールフィルタ、メールの内容をある程度判断して受信トレイに振り分けるカテゴリタブ機能など、Gmailが備える強力なメール振り分け機能も、会社や自宅のメールに適用することが可能だ。Gmailのメリットを最大限活用できるので、Gmailアプリを使って会社や自宅のメールを管理するなら、こちらの方法をおすすめする。

ただし、設定するにはWeb版Gmailでの操作が必要だ。パソコンのWebブラウザか、またはPixelのWebブラウザをPC版サイト閲覧に変更した上で、https://mail.google.com/にアクセスしよう。

自宅や会社のメールをGmailアカウントで管理する

1 Gmailにアクセスして設定を開く

メール アカウントを追加する

ブラウザでWeb版のGmailにアクセスしたら、歯車ボタンのメニューから「すべての設定を表示」→「アカウントとインポート」タブを開き、「メールアカウントを追加する」をクリック。

2 Gmailで受信したいメールアドレスを入力

別ウィンドウでメールアカウントを追加するウィザードが開く。Gmailで受信したいメールアドレスを入力し、「次のステップ」をクリック。

3 「他のアカウントから〜」にチェックして「次へ」

他のアカウントからメールを読み込む（POP3）

追加するアドレスがYahoo、AOL、Outlook、Hotmailなどであれば、Gmailify機能で簡単にリンクできるが、その他のアドレスは「他のアカウントから〜」にチェックして「次へ」。

4 受信用のPOP3サーバーを設定する

受信したメッセージにラベルを付ける   aoyama@standards.co.jp

POP3サーバー名やユーザー名／パスワードを入力して「アカウントを追加」。「〜ラベルを付ける」にチェックしておくと、後でアカウントごとのメール整理が簡単だ。

5 送信元アドレスとして追加するか選択

はい。aoyama@standards.co.jpとしてメールを送信できるようにします。

このアカウントを送信元にも使いたい場合は、「はい」にチェックしたまま「次のステップ」を選択。この設定は後からでも「設定」→「アカウント」→「メールアドレスを追加」で変更できる。

6 送信元アドレスの表示名などを入力

「はい」を選択した場合、送信元アドレスとして使った場合の差出人名を入力して「次のステップ」をクリック。

7 送信用のSMTPサーバーを設定する

追加した送信元アドレスでメールを送信する際に使う、SMTP サーバの設定を入力して「アカウントを追加」をクリックすると、アカウントを認証するための確認メールが送信される。

8 確認メールで認証を済ませて設定完了

確認コードを入力

またはこのリンクをタップ

ここまでの設定が問題なければ、確認メールがGmail宛てに届く。「確認コード」の数字を入力欄に入力するか、「下記のリンクをクリックして〜」をクリックすれば、認証が済み設定が完了する。

9 Gmailで会社や自宅のメールを管理

プロバイダメールをGmailでまとめて受信できるようになった。手順4で「ラベルを付ける」にチェックしていれば、追加したアカウントのラベルで、プロバイダメールのみを確認できる

057
Gmail
メール送信前や削除前に最後の確認を行う

Gmailアプリは標準の設定だと、メールの送信ボタンを押した時点ですぐにメールを送信するが、これだとファイルの添付忘れなどミスが起きやすい。「設定」→「全般設定」で、「送信前に確認する」にチェックしておけば、送信ボタンをタップした際に確認メッセージが表示され、誤送信を未然に防げる。また、「削除前に確認する」や「アーカイブする前に確認する」にもチェックを入れておけば、メールを削除したりアーカイブする前に、同じく確認メッセージが表示されるようになる。

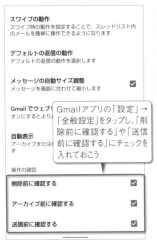

Gmailアプリの「設定」→「全般設定」をタップし、「削除前に確認する」や「送信前に確認する」にチェックを入れておこう

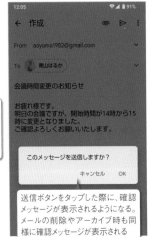

送信ボタンをタップした際に、確認メッセージが表示されるようになる。メールの削除やアーカイブ時も同様に確認メッセージが表示される

058
Gmail
メールの送信を取り消す

Gmailには「送信取り消し」機能が備わっており、メールを送信したあとでもしばらくの間は送信を取り消すことが可能だ。メールを送信すると、下部に「送信しました」というメッセージが表示され、その横に「元に戻す」ボタンが一定時間表示される。これをタップすれば、送信がキャンセルされて元のメール作成画面に戻る。なお、メールを送信してから取り消せるまでの時間は標準だと5秒に設定されているが、最大で30秒までに変更することもできる。ただしWeb版Gmailでの操作が必要となる。

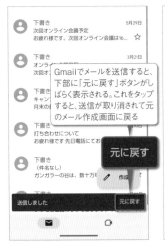

Gmailでメールを送信すると、下部に「元に戻す」ボタンがしばらく表示される。これをタップすると、送信が取り消されて元のメール作成画面に戻る

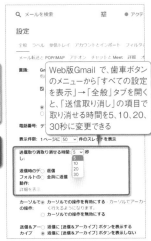

Web版Gmailで、歯車ボタンのメニューから「すべての設定を表示」→「全般」タブを開くと、「送信取り消し」の項目で取り消せる時間を5、10、20、30秒に変更できる

059
マスト！
Gmail
メールはシンプルに新着順に一覧表示したい

Gmailでは、返信でやり取りした一連のメールが、「スレッド」としてまとめて表示されるようになっている。ただスレッドでまとめられてしまうと、複数回やり取りしたはずのメールが1つの件名でしか表示されないので、他のメールに埋もれてしまいがちだ。スレッドだとメールを見つけにくかったり使いづらいと感じるなら、シンプルに新着順でメールが一覧表示されるように設定を変更しておくといい。Gmailの「設定」でアカウントを選択し、「スレッド表示」のチェックを外してオフにしておこう。

スレッド表示がオンだと、返信でやり取りした一連のメールが、このようにまとめて表示される

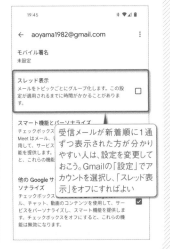

受信メールが新着順に1通ずつ表示された方が分かりやすい人は、設定を変更しておこう。Gmailの「設定」でアカウントを選択し、「スレッド表示」をオフにすればよい

060
メール
連絡先のグループにメールを一斉送信する

連絡帳アプリで連絡先をラベル分けしておくと(No048で解説)、ラベル内のすべての連絡先に対してメールを一斉送信できるようになる。仕事先やサークルのメンバー、イベントの関係者など、複数の人に同じ文面のメールを送りたい時に活用しよう。メールを一斉送信するには、連絡帳アプリで作成したラベルを開き、右上のオプションメニューから「メールを送信」をタップすればよい。ラベル内のメンバーが宛先に追加された状態で、Gmailアプリ(または選択したメールアプリ)の新規メール作成画面が開く。

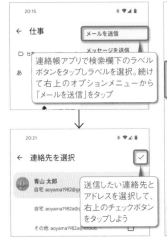

連絡帳アプリで検索欄下のラベルボタンをタップしラベルを選択。続けて右上のオプションメニューから「メールを送信」をタップ

送信したい連絡先とアドレスを選択して、右上のチェックボタンをタップしよう

ラベル内の選択したメンバーが宛先に追加された状態で、Gmailアプリの新規メール作成画面が開く。複数のメールアプリをインストール済みの場合は、送信に使うアプリを選択できる

GooglePixel Benrisugiru Techniques Section 2

061
Gmail

重要なメールだけ通知するよう設定する

特定のラベルのみ受信を通知できる

Gmailには「ラベル」と「フィルタ」というメール整理機能が用意されており、あらかじめ「仕事」や「プライベート」といったラベルを作成しておけば、フィルタ機能で特定の差出人やワードを含むメールに指定したラベルを自動で付けられる（Web版Gmailでの操作が必要）。さらに特定のラベルが付いたメールのみ通知させることもできるので、重要なメールだけを自動で振り分けて通知させることも可能だ。ただし、ラベルごとにサウンドを変えたり、通知ドットのみにするといった細かな設定はできない。

1 ラベルとフィルタを設定する

歯車ボタンのメニューから「すべての設定を表示」→「ラベル」タブで「新しいラベルを作成」をクリックし、「仕事」などのラベルを作成しておく

自動でラベルを付けたいメールを開き、「⋮」→「メールの自動振り分け設定」→「フィルタを作成」をクリック。「ラベルを付ける」にチェックしてラベルを選択し、「フィルタを作成」をクリックする

Web版Gmailにアクセスしたら、まず「仕事」など重要なメールを振り分けるラベルを作成。続けて重要なメールが届いたら自動で指定したラベルが付くようにフィルタを作成しておく。

2 特定のラベルのみ通知させる

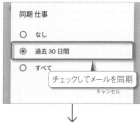

チェックしてメールを同期

チェックするとこのラベルのメールが通知される。「メイン」など、他のラベルの「ラベル通知」はチェックを外しておこう

Gmailアプリの「設定」でアカウントを選択して「ラベルの管理」をタップ。ラベルを選択したら、まず「メールの同期」で「過去30日間」か「すべて」を選んでメールを同期させる。あとは「ラベル通知」にチェックすると、このラベルのメールだけが通知される。

3 アカウントごとに個別設定するには

複数のアカウントを使い分けているなら、「設定」→「アプリ」→「○個のアプリをすべて表示」→「Gmail」→「通知」で、仕事用アドレスのみサウンドを鳴らすといった個別の通知設定が可能だ

062
Gmail

Gmailを詳細に検索できる演算子を利用する

複数の演算子でメールを効果的に絞り込む

Gmailのメールは、画面上部の検索欄でキーワード検索ができ、ラベルやフィルタでも細かく整理しておけるが、メールの数が増えてくると、なかなかピンポイントで目的のメールだけを探し出すのは難しい。そこで、「演算子」と呼ばれる特殊なキーワードを覚えておこう。ただ名前やアドレス、単語で検索するだけではなく、演算子を加えることで、より精密な検索が行える。複数の演算子を組み合わせて絞り込むことも可能だ。ここでは、よく使われる主な演算子をピックアップして紹介する。

Gmailで利用できる主な演算子

from:
送信者を指定

to:
受信者を指定

subject:
件名に含まれる単語を指定

OR
A OR Bのいずれか一方に一致するメールを検索

-(ハイフン)
除外するキーワードの指定

" "(引用符)
引用符内のフレーズを含むメールを検索

after:
指定日以降に送受信したメール

before:
指定日以前に送受信したメール

label:
特定ラベルのメールを検索

filename:
添付ファイルの名前や種類を検索

has:attachment
添付ファイル付きのメールを検索

演算子を使用した検索の例

from:aoyama

送信者のメールアドレスまたは送信者名に「aoyama」が含まれるメールを検索。大文字と小文字は区別されない。

after:2018/06/20

2018年6月20日以降に送受信したメールを指定。「before:」と組み合わせれば、指定した日付間のメールを検索できる。

from:青山 OR from:西川

送信者が「青山」または「西川」のメッセージを検索。「OR」は大文字で入力する必要があるので要注意。

from:青山 "会議"

送信者名が「青山」で、件名や本文に「会議」を含むメールを検索。英語の場合、大文字と小文字は区別されない。

from:青山 subject:会議

送信者名が「青山」で、件名に「会議」が含まれるメールを検索。送信者名は漢字やひらがなでも指定できる。

filename:pdf

PDFファイルが添付されたメールを検索。本文中にPDFファイルへのリンクが記載されているメールも対象となる。

063

Gmail

マスト！

Gmailですべてのメールをまとめて既読にする

まとめて既読にするにはWeb版Gmailでの操作が必要

溜まった未読メールをまとめて既読にしたい場合、Gmailアプリでは一括処理ができないので、Web版Gmailで操作しよう。まず、受信トレイなど既読処理したいメールボックスやラベルを開いて、左上の一括選択ボタンにチェック。すると「○○のスレッド○○件をすべて選択」というメッセージが表示されるので、これをクリックすれば、表示中の画面だけでなく、過去のメールもすべて選択状態になる。あとはオプションメニューの「既読にする」で、まとめて既読にできる。

1 一括選択ボタンにチェックを入れる

ブラウザでWeb版Gmailにアクセスしたら、一括既読にしたい受信トレイやラベルを開こう。続けて、左上にあるチェックボックスにチェックを入れると、表示中のスレッド（メール）にすべてチェックが入り選択状態になる。

2 表示中以外のメールも選択状態にする

この状態では、表示中のページのスレッド（メール）しか選択されていないので、タブの上部に表示されている「○○のスレッド○○件をすべて選択」をクリックしよう。これで、すべてのメールが選択された状態になる。

3 「既読にする」でまとめて既読にする

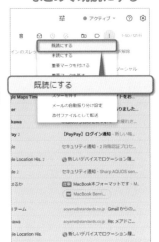

あとは、上部メニューのオプションメニューから「既読にする」をクリック。表示される確認画面で「OK」をクリックすれば、すべてのメールが既読になる。同じ操作で未読に戻したり、スターなどを付け外しすることも可能だ。

064

生成AI

Geminiにメールの文面を作成してもらう

内容に気を使うビジネスメールはGeminiに頼もう

ビジネスメールが苦手な人は、Gemini（No001で解説）にメール内容を考えてもらおう。会議時間の変更や契約内容の確認依頼、お礼や謝罪文など、メールの目的を明確にして「ビジネスメールを作成してください」と伝えればよい。相手との関係性や具体的な日時などメール内容に盛り込みたい要素も入力しておけば、より目的にあった文面を考えてくれる。生成された文面はGmailの下書きメールとして簡単に出力できるほか、返信が必要なメールを開いてGeminiを起動すれば、そのメールに対しての返信メールを生成してもらうことも可能だ。

1 Geminiでメール作成を頼む

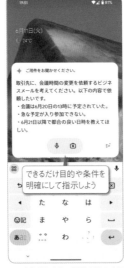

Geminiを起動したら、会議時間の変更依頼など目的を伝えて「ビジネスメールを作成して」とお願いしよう。具体的な日時や理由、その他メールに盛り込みたい内容も入力しておくとよい。

2 生成文をGmailの下書きにする

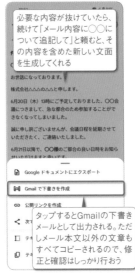

生成されたメール文をロングタップして「Gmailで下書きを作成」をタップすると、Gmailの下書きとして出力される。あとは文面を整えて宛先などの修正を済ませ、メールを送信しよう。

3 受診したメールの返信メールを作成

返信が必要なメールを開いた状態でGeminiを起動し、「この画面を追加」をタップ。「○○の内容で返信メールを作成して」と頼むと、画面を追加したメールに対する返信メールを生成してくれる。

日時を指定して メールを送信する

Gmailなら メールの予約 送信が可能

期日が近づいたイベントのリマインドメールを送ったり、深夜に作成したメールを翌朝になってから送りたい時に便利なのが、Gmailの予約送信機能だ。メールを作成したら、送信ボタン横のオプションメニューボタン（3つのドット）をタップ。「送信日時を設定」をタップすると、「明日の朝」や「明日の午後」、「月曜日の朝」など送信日時の候補から選択できる。また、「日付と時間を選択」で送信日時を自由に指定することも可能だ。これで、あらかじめ下書きしておいたメールが、指定した日時に予約送信される。

1 送信日時を設定 をタップする

Gmailアプリで新規メールを作成したら、右上のオプションメニューボタン（3つのドット）をタップ。続けて「送信日時を設定」をタップしよう。

2 予約送信する 日時を選択する

メール作成時の時間帯に応じて、「明日の朝」や「今日の午後」、「月曜日の朝」などの日時が表示されるので、予約送信したい時間をタップしよう。

3 予約送信の日時を 自分で設定する

「送信日時を設定」をタップ。予約送信を設定したメールは、サイドメニューの「送信予定」に表示される。メールを選択して「送信をキャンセル」をタップすれば、予約送信がキャンセルされる

「日付と時間を選択」をタップすると、メールを予約送信する日時を自由に設定できる。設定を終えたら「送信日時を設定」をタップしよう。

メールの スヌーズ機能を 利用する

Gmailアプリで受信したメールを今すぐ読んだり返信する時間がないときは、あとで確実に確認できるようにスヌーズを設定しておこう。あとで知らせる日時は、明日、来週、今週末などから選択できるほか、「日付と時間を選択」をタップすると日時を自由に指定できる。指定した

日時になると、そのメールは受信トレイの一番上に改めて表示され通知が届くので、時間の余裕があるタイミングで確認できる。なおスヌーズを設定したメールは、メニューから「スヌーズ中」ラベルを開くと確認できる。

Gmailアプリであとで確認したいメールを開いたら、右上のオプションボタンから「スヌーズ」をタップ

このメールをあとで知らせる日時を、明日、来週、今週末などから選択しよう。「日付と時間を選択」をタップすると日時を自由に設定できる

メッセージでの やり取りをリアル タイムに翻訳する

Pixel 6以降では、外国語をリアルタイムで日本語に翻訳してくれる「リアルタイム翻訳」機能を利用できる。まずは「設定」→「システム」→「リアルタイム翻訳」で機能がオンになっているか確認しよう。機能が有効なら、「メッセージ」アプリに外国語でメッセージが届いた際に「日

本語に翻訳」をタップするだけで、リアルタイムでメッセージが翻訳表示されるようになる。英語のほか中国語やフランス語、ドイツ語など主要な言語に対応しており、届いたメッセージの言語が未ダウンロードの場合はダウンロードを求められる。

外国語でメッセージが届くと「日本語に翻訳」ボタンが表示されるので、これをタップ。言語のダウンロードが求められたらダウンロードしよう

英語で届いたメッセージが日本語に翻訳され、以降もメッセージが届くとリアルタイムで日本語に翻訳されるようになる

068

LINE

マスト！

LINEで既読を付けずに メッセージを読む

相手に気づかれずにメッセージを読む裏技アプリ

LINEのトーク機能に搭載されている既読通知は、相手がメッセージを読んだかどうか確認できて便利な反面、受け取った側は「読んだからにはすぐに返信しなければ」というプレッシャーに襲われがちだ。このアプリを使えば、既読を付けずにメッセージを確認でき、余計なストレスから解放されるはずだ。

APP

あんりーど
作者／Curande Apps
価格／無料

1 指示に従って初期設定を済ませる

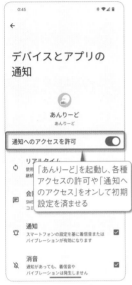

デバイスとアプリの通知

あんりーど

あんりーど

通知へのアクセスを許可

「あんりーど」を起動し、各種アクセスの許可や「通知へのアクセス」をオンして初期設定を済ませる

アプリを起動したら、画面の指示に従って、各種アクセスの許可や「通知へのアクセス」をオンにして、初期設定を済ませよう。

2 メッセージが届いたら通知パネルを確認

「あんりーど」のアイコンが付いている方の通知をタップする

メッセージが届き、通知されたら、通知パネルを引き出して「あんりーど」の通知をタップ。ここでLINEの通知をタップすると、既読が付いてしまうので要注意。

3 既読を付けずにメッセージを読む

テキストだけでなく、スタンプなども既読を付けずに確認できる。ただしAndroid 14以降では写真を閲覧できない（Android 11～13ならプレミアム登録時のみ表示できる）

あんりーどが起動し、既読通知を回避してメッセージを読むことができる。なお、受信したスタンプも既読を付けずに確認することが可能だ。

069

LINE

LINEでブロックされているかどうかを確認する

LINEで友だちにブロックされているかどうか判別する方法を紹介しよう。まずスタンプショップで有料スタンプを選び、「プレゼントする」をタップ。ブロックを確認したいユーザーを選び「選択」をタップする。「すでにこのスタンプを持っているためプレゼントできません。」が表示された場合は、ブロックされている可能性が高い。もちろん、相手が実際にそのスタンプを持っていることもあるので、相手が持っていなさそうな複数のスタンプを使ってチェックしてみよう。

スタンプショップで、相手が持っていなさそうなスタンプを選択。「プレゼントする」をタップする

ブロックを確認したいユーザーにチェックを入れ、画面下部の「OK」をタップ。「このスタンプを持っているためプレゼントできません。」と表示されたらブロックされている可能性がある

070

LINE

マスト！

LINEの送信済みメッセージを取り消す

LINEで誤って送信してしまったメッセージは、送信から24時間以内であれば、相手のトーク画面から消すことが可能だ。1対1のトークはもちろん、グループトークでもメッセージを取り消しできる。テキストだけではなく写真やスタンプ、動画なども対象だ。また、未読と既読のどちらの状態でも行える。ただし、相手に届いた通知内容までは取り消せないほか、相手のトーク画面には、「メッセージの送信を取り消しました」と表示され、取り消し操作を行ったことは伝わってしまうので注意しよう。

取り消したいメッセージをロングタップし、表示されたメニューから「送信取消」をタップ

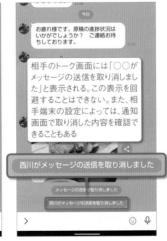

相手のトーク画面には「○○がメッセージの送信を取り消しました」と表示される。この表示を回避することはできない。また、相手端末の設定によっては、通知画面で取り消した内容を確認できることもある

071

マスト!

LINE

LINEで 友だちの 名前を変更する

LINEの友だちは、本人が設定した名前で表示されるので、呼び慣れていない名前で表示されると、どれが誰だか分からなくなってしまう。そんな時は、友だちの名前をタップしてプロフィール画面を開き、名前の横の鉛筆ボタンをタップしよう。表示名を自分で好きな名前に変更できる。あくまで自分のLINE上で表記が変わるだけなので、変更した名前が相手に伝わることはない。元の表示名に戻したい場合は、再度プロフィール画面の鉛筆ボタンをタップして、「友だちが設定した名前」にある名前をタップすればよい。

友だちの名前をタップしてプロフィール画面を開き、名前の横にある鉛筆ボタンをタップする

表示名の変更画面になるので、好きな名前に変更して「保存」をタップ。元の名前に戻すには上部の「友達が設定した名前」にある名前をタップして「保存」をタップすればよい

072

LINE

LINEの無料通話 の着信音を 無音にする

LINEの通知設定画面で「通知」をオフにすれば、メッセージの着信音を無音にできるが、LINE無料通話の着信音は消すことができない。これを無音にしたい場合は、LINE MUSICで配信されている好きな楽曲をLINEの着信音に設定できる「LINE着うた」で、無音の着信音を探して設定すればよい。ただしLINE着うたの利用には、LINE MUSICかLYPプレミアムの登録が必要となる。どちらかに登録済みの上、LINEの設定を開いて「通知」→「着信音」→「LINE着うたで着信音を設定」から設定しよう。

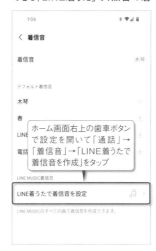

ホーム画面右上の歯車ボタンで設定を開いて「通話」→「着信音」→「LINE着うたで着信音を作成」をタップ

LINE着うたの配信画面が表示されるので、「無音」などをキーワードに無音の着信音を検索。受話器ボタンをタップして着信音に設定しよう。なお、LINE着うたの利用には、LINE MUSICかLYPプレミアムの登録が必要だ

073

LINE

よくLINEを する相手を 一番上に固定

LINEでやり取りしている特定の相手やグループを、見やすいように常に一番上に表示しておきたい場合は、ピン機能を利用しよう。まずトーク一覧画面を開いたら、固定したいトークをロングタップしてメニューを開き、「ピン留め」をタップ。すると、このトークが最上部に固定表示されるようになる。なお、右上のオプションメニューボタン(3つのドット)のメニューで「トークを並べ替える」をタップすると、トークを「受信時間」や「未読メッセージ」、「お気に入り」順に並べ替えることもできる。

トーク一覧画面で固定したいトークをロングタップし、「ピン留め」をタップすれば、このトークが最上部に固定表示される。複数固定した場合は、更新のある最新トークが最上部に表示される

右上のオプションメニューから「トークを並べ替える」で、並び順の変更も可能。よくやり取りする相手は、プロフィール画面で☆ボタンをタップしてお気に入りに登録しておけば、「お気に入り」順に並べ替えてアクセスしやすくなる

074

マスト!

LINE

グループトークで 相手を指定して メッセージ送信

大人数のグループトークで会話していると、特定の人に宛てたメッセージも他のトークに紛れて流されがちだ。そんなときに便利なのがメンション機能。グループトークのメッセージ入力欄に「@」をすると、グループトークのメンバーが一覧表示されるので、指名したい人を選択。入力欄に「@(相手の名前)」が入力されるので、続けてメッセージを入力し送信しよう。トークルームやプッシュ通知で、指名された人の名前が見やすく表示され、誰宛てのメッセージかひと目で分かるようになる。

グループトークのメッセージ入力欄に「@」を入力し、メンバー一覧から指名したい相手を選択。「@(相手の名前)」に続けてメッセージを入力し送信しよう

メンションがリンク表示されるので、誰宛てのメッセージかひと目で分かるようになる。また自分宛てのメンションがあれば、通知で「メンションされました」と表示される

075

LINE

LINEの トークスクショ を使ってみよう

LINEでのやり取りを第三者に伝えたいときは、スクリーンショットで送るのが手っ取り早いが、LINEにはもっと便利な「トークスクショ」機能が用意されている。この機能なら見せたいトークだけを選択して、画像として端末に保存したり、他のユーザーにそのまま画像で送信で

きるのだ。2つ3つのやり取りだけを保存したり、逆に画面内に収まりきらない長いやり取りを1枚の画像として保存することもできる。また、トーク画面の名前やアイコンを、ダミーに置き換えて隠すプライバシー機能も備えている。

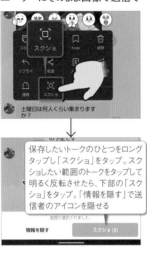

保存したいトークのひとつをロングタップし「スクショ」をタップ。スクショしたい範囲のトークをタップして明るく反転させたら、下部の「スクショ」をタップ。「情報を隠す」で送信者のアイコンを隠せる

左下のボタンをタップすると他のトークに送信でき、右下のボタンで端末に保存できる。鉛筆ボタンをタップすると、トークスクショした画面内に文字や指示を書き込める

076

LINE

LINEのトークを ジャンル別に 分類する

LINEの友だち数が多すぎてメッセージを送りたい相手がなかなか探し出せない人は、LINEラボで試験的に公開されている機能「トークフォルダー」を有効にしておくのがおすすめだ。トーク画面が「友だち」「グループ」「公式アカウント」「オープンチャット」の4つのカテゴリに分

類され、トークの相手によって各フォルダに自動で振り分けられるようになる。特に公式アカウントやグループの登録が多い人は、個人の友だちが埋もれがちなので、この機能でトークルームを見やすく整理しておきたい。

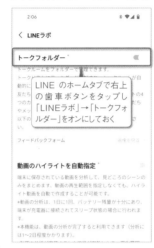

LINEのホームタブで右上の歯車ボタンをタップし「LINEラボ」→「トークフォルダー」をオンにしておく

トーク画面を開くと、「友だち」「グループ」「公式アカウント」「オープンチャット」の各フォルダにトークが整理されるようになる。新着トークがあるカテゴリのフォルダには、緑色のバッジが表示される

077

LINE

LINEで重要な メッセージを 目立たせて掲示

複数人でLINEのトークをやり取りしている時に、参加者全体に知らせるトークを目立たせたい時は、「アナウンス」機能を使おう。トークをロングタップして「アナウンス」をタップすると、トークルームの最上部にそのメッセージがピン留めされ、トークルームを開くたびに必ず目に入

る。参加者全員の画面に表示される機能なので、イベントの告知や日程の確認などに使うと便利だ。なおアナウンスできるのは、メッセージ、投票、イベントの投稿のみ。スタンプや画像、ノートは、アナウンスとして表示できない。

目立たせたいメッセージをロングタップしたら、メニューから「アナウンス」をタップ

メッセージがトークルームの最上部に固定表示される。アナウンスをロングタップして「今後は表示しない」を選ぶと、自分のトークルームのアナウンスを消去できる。「アナウンス解除」をタップすると、全員のトークルームからアナウンスが消える

078

LINE

やるべきことを LINEで 知らせてもらう

「リマインくん」は、LINEのトーク画面でやり取りしながら予定を登録すれば、指定日時にLINEのメッセージで知らせてくれるリマインダーbotだ。まず、Chromeなどで公式サイト（https://reminekun.com/）へアクセスし、「今すぐ友だちに追加」をタップ。「追加」をタッ

プしてLINEの友だちに追加しておこう。あとは、リマインくんとのトーク画面を開き、メッセージ入力欄に予定を入力して送信。続けて通知してほしい日時を入力し送信しておけば、指定した日時になると「○○の時間だよ！」と予定を知らせてくれる。

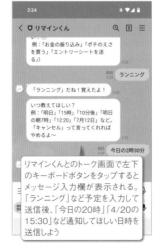

リマインくんとのトーク画面で左下のキーボードボタンをタップするとメッセージ入力欄が表示される。「ランニング」など予定を入力して送信後、「今日の20時」「4/20の15:30」など通知してほしい日時を送信しよう

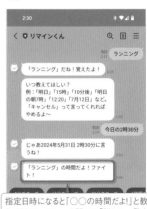

指定日時になると「○○の時間だよ！」と教えてくれる。メニューを開いて「詳しい一覧を見る」をタップすると登録中の予定の確認やキャンセルが可能だ。また、リマインくんをグループに招待すれば、トーク内の日時に反応してリマインドしてくれる機能もある

ネットの
快適技

昼夜を問わずチェックしたいネットやSNSは、
ストレスなく効率的に利用したいところ。
人気のアプリやサービスを駆使することで、
情報収集やコミュニケーションが
驚くほど快適になるはずだ。

079

ブラウザ

マスト!

パソコンやタブレットで
見ていたサイトを素早く開く

他端末で使っている Chromeと 連携できる

Pixelには、Google 製の「Chrome」が標準のWebブラウザとして採用されている。Chromeは、パソコンやタブレット、iPhone、iPadなどの他端末で使っているChromeと簡単に連携できるのが特徴。同一のGoogleアカウントでログインすれば、ブックマークやパスワードなども自動で同期される。さらに、「最近使ったタブ」を利用すれば、他の端末で開いていたWebページをスマートフォン側ですぐに呼び出すことが可能だ。右の手順で使い方をマスターしよう。

GooglePixel Benrisugiru Techniques
Section

3

1 「最近使ったタブ」を タップする

Chromeを起動したら右上のオプションメニューボタン（3つのドット）をタップ。「最近使ったタブ」を選択しよう。

2 他端末で開いていた タブを開く

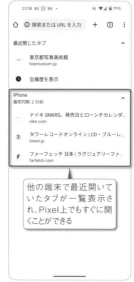

他の端末で最近開いていたタブが一覧表示され、Pixel上でもすぐに開くことができる

（同じGoogleアカウントでログインしている）他の端末のChromeで開いているタブも表示され、タップして同じサイトにすぐにアクセスできる。

3 Chromeの同期 を有効にする

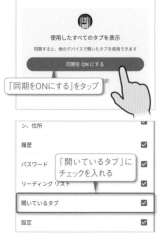

「同期をONにする」をタップ

「開いているタブ」にチェックを入れる

Googleアカウントでログインしていない場合は、「最近使ったタブ」欄を開いた後、「同期をONにする」をタップしてログインする。ログインしているのに他の端末のタブが表示されない場合は、右上のオプションメニューボタンから「設定」を開き、続けて「同期」をタップ。「開いているタブ」のチェックを入れればよい。

080

ブラウザ

マスト!

閲覧履歴が残らない
シークレットタブを利用する

他人に閲覧履歴を 見られたくない人は 使ってみよう

Chromeで表示したサイトは閲覧履歴として残り、オプションメニューの「履歴」からチェックすることができる。また、Google上で検索したキーワードも検索履歴として残り、再度同じキーワードを入力した際にすぐ候補として表示される仕組みだ。これ自体は便利な機能だが、問題なのは家族や友人にPixelを貸した時。他の人に各種履歴を見られたくないという人もいるはずだ。そんな時はシークレットモードを活用しよう。シークレットタブ上で操作すれば、閲覧および検索履歴が残らないのだ。

1 新しいシークレット タブを開く

シークレットタブを利用したい場合は、Chromeを起動して右上のオプションメニューボタンをタップ。「新しいシークレットタブ」をタップする。

2 シークレットモードで ページを開く

シークレットタブの検索履歴や、閲覧履歴は保存されない

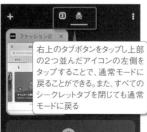

右上のタブボタンをタップし上部の2つ並んだアイコンの左側をタップすることで、通常モードに戻ることができる。また、すべてのシークレットタブを閉じても通常モードに戻る

URL入力欄が黒色になり、シークレットモードになる。このタブ上で開いたページは閲覧履歴に残らない。また、検索履歴も保存されない。

3 シークレットモード をロックする

シークレットモードでタブボタンをタップした際に表示される「シークレットロックをオンにする」をタップ。シークレットモードを開く際に、指紋や顔での認証が必要になる。また、オプションメニューボタンから「設定」を開き、「プライバシーとセキュリティ」→「Chromeを終了するときにシークレットタブをロックする」で設定を変更可能

シークレットモードにタブが残っている場合は、他人に見られないようにロックをかけ、指紋や顔で認証しないと開けないようにできる。

081

ブラウザ

マスト!

スマートフォン用サイトから PC向けサイトに表示を変更する

メニューや情報が省略されないPC版に切り替える

最近のWebサイトでは、スマートフォンでアクセスするとモバイル用に最適化されたページが表示されることが多い。しかし、パソコン向けのページと比べてメニューや機能、情報が省略されている場合も多い。Pixelでも、使い慣れたパソコン用ページを表示したいなら、Chromeのオプションメニューにある「PC版サイト」にチェックを入れてみよう。これでパソコン用ページに表示が切り替わるのだ。ただし、サイトによっては強制的にスマートフォン用サイトが表示されることもある

1 「PC版サイトを見る」設定に変更

モバイル向けページではなく、パソコンで見るのと同じ表示にしたい場合は、Chromeのオプションメニューから「PC版のサイト」にチェックを入れる。

2 パソコン向けの表示に切り替わった

メニューや情報量の多いパソコン向けページに切り替わった

自動的にページが更新され、モバイル向けページからパソコン向けページに表示が切り替わるはずだ。ただし、サイトによっては対応していないものもある。

3 特定のWebページを常にPC版で表示する

タップして、常にPC版で表示したいWebサイトのURLを入力する。なお一番上の「PC版サイト」のスイッチをオンにすると、すべてのWebサイトでPC版がデフォルト表示になる

Chromeのオプションメニューから「設定」→「サイトの設定」→「PC版サイト」→「例外のサイトを追加」でURLを入力すると、そのWebサイトは常にPC版で表示される。

082

ブラウザ

新しいタブボタンを常に表示しておく

Chromeのアドレスバーの右には、「新しいタブ」「共有」「音声検索」のうちいずれかの機能が割り当てられた「ツールバーショートカット」ボタンが表示される。このツールバーショートカットの機能はユーザーの使用状況に応じて自動で切り替わるが、最もよく使う新規タブ作成ボタンに機能を固定しておきたい場合は、Chromeのオプションメニューから「設定」→「ツールバーショートカット」をタップしよう。「新しいタブ」にチェックしておくと、常に「＋」ボタンが表示され、新しいタブを素早く開くことができる。

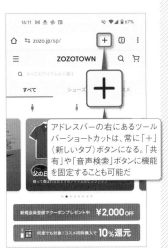

Chromeのオプションメニューから「設定」→「ツールバーショートカット」を開き、「新しいタブ」にチェックしておく

アドレスバーの右にあるツールバーショートカットは、常に「＋」（新しいタブ）ボタンになる。「共有」や「音声検索」ボタンに機能を固定することも可能だ

083

ブラウザ

複数のタブをグループにして管理する

Chromeでタブを開きすぎてよく目的のWebページを見失う人は、タブをグループ化しておこう。画面右上のタブボタンをタップしてタブ一覧画面を開き、他のタブをドラッグして重ねることで、複数のタブをグループ化してまとめることができる。タブ一覧画面ではタブグループごとに表示され、タブグループ内のタブを開くと、下部のボタンをタップして他のタブに素早く表示を切り替えできる。同じカテゴリのWebサイトをまとめたり、商品を探して複数のオンラインショップを見比べたい時などに活用しよう。

タブ一覧画面でタブをロングタップし、他のタブにドラッグして重ねると、タブをグループ化できる。タブグループを開いてタブをロングタップし、下部の「グループから削除」までドラッグするとグループから削除できる

タブグループ内のタブを開くと、画面の下部にはグループ化した他のタブがボタンで表示されている。これをタップすると、他のタブに表示を切り替えることが可能だ

ネットの快適技

43

複数のサイトをまとめてブックマークする

ChromeではWebページをひとつひとつブックマークしなくても、開いているタブをまとめてブックマークに追加することが可能だ。調べ物中に開いた複数のWebページを、ひとまずブックマーク保存しておきたい場合などに活用しよう。タブグループ（No083で解説）内の

Webページをすべてブックマークすることもできる。追加したブックマークは、画面右上のオプションメニューボタンから開ける「ブックマーク」→「モバイルのブックマーク」内に作成されたフォルダに、まとめて保存されている。

画面右上のタブボタンをタップしてタブ一覧画面を開き、オプションメニューボタンから「タブを選択」をタップ。開いている複数のタブを選択しよう。タブグループも選択できる

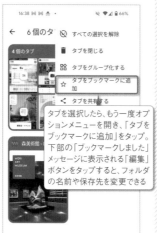

タブを選択したら、もう一度オプションメニューを開き、「タブをブックマークに追加」をタップ。下部の「ブックマークしました」メッセージに表示される「編集」ボタンをタップすると、フォルダの名前や保存先を変更できる

サイト内の言葉を選択してGoogle検索する

Chromeで、Webページ上の文字列をロングタップして選択すると、下部にパネルがポップアップ表示される。これをタップするとパネルが引き出されて画面が分割し、パネル内で選択した文字列のGoogle検索結果がすぐに表示される。この「タップして検索」機能を使うには、

まずGoogleを規定の検索エンジンに設定しておく必要がある（デフォルトでは規定になっている）。また、Chromeのオプションメニューボタンで「設定」→「Googleのサービス」→「タップして検索」をタップし、スイッチがオンになっているかを確認しよう。

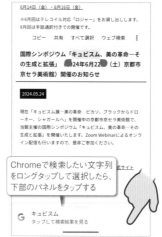

Chromeで検索したい文字列をロングタップして選択したら、下部のパネルをタップする

パネルが引き出され、選択した文字列でのキーワード検索結果がすぐに表示される

マスト！

ログイン時のパスワードを自動入力する

IDとパスワードを保存して次回から素早くログイン

Chromeでは、一度ログインしたWebサイトのIDとパスワードを保存しておくことができ、次回からはそのWebサイトのログインページを開くだけで自動入力され、素早くログインできるようになる。自動入力されない場合は、キーボード上部の鍵ボタンをタップし、保存したパスワードから選択しよう。なお、パスワードはGoogleアカウントに保存されるので、Chromeで同期をオンにしておけば、同じGoogleアカウントを使った別のデバイスでも同じパスワードを使うことが可能だ。

1 パスワードの保存をオンに

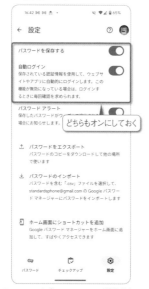

どちらもオンにしておく

Chromeのオプションメニューから「設定」→「パスワードマネージャー」を開き、歯車ボタンをタップ。「パスワードを保存する」と「自動ログイン」がオンになっているか確認する。

2 ログイン時にパスワードを保存する

タップ

ChromeでWebサイトにログインすると、パスワードをGoogleアカウントに保存するか確認するメッセージが表示されるので、「保存」をタップして保存しておく。

3 次回からパスワードが自動入力される

タップ

次回からは、ログインページの入力フォームをタップすると、下部にログインIDの候補が表示される。「ログイン」タップすると自動で入力され、素早くログインできる。

087

ブラウザ

マスト!

保存した
ログインパスワードを
個別に削除する

No086で解説した通り、Chromeには Web サイトで入力したログイン ID とパスワードを保存し、再ログイン時に自動で入力してくれる機能がある。ただ、間違ったパスワードを保存してしまったり、もう使わないアカウントのログイン情報が自動入力されるなど、保存済みのパスワードを削除したい場合もある。そんな時は、Chromeのオプションメニューから「設定」→「パスワードマネージャー」を開こう。削除したいパスワードをタップして、「削除」ボタンをタップすれば個別に削除できる。内容の編集も可能だ。

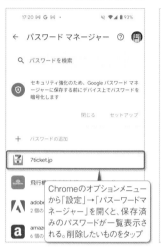

Chromeのオプションメニューから「設定」→「パスワードマネージャー」を開くと、保存済みのパスワードが一覧表示される。削除したいものをタップ

「削除」ボタンをタップすると、この保存済みパスワードを削除できる

088

ブラウザ

パスワード管理画面
をすぐに開ける
ようにする

No078やNo087で解説した「パスワードマネージャー」画面では、Chromeで保存したパスワードの編集や削除を行えるほかにも、「チェックアップ」をタップして、不正使用された恐れのあるパスワードや使い回しのパスワード、推測されやすい脆弱なパスワードも確認できるので、定期的にチェックしておきたい。「ショートカットを追加」でホーム画面にショートカットを作成しておけば、Chromeの設定から辿らなくても、ショートカットをタップしてワンタップでアクセスすることが可能だ。

Chromeのオプションメニューから「設定」→「パスワードマネージャー」→「設定」→「ホーム画面にショートカットを追加」をタップ。表示されたメニューで「ホーム画面に追加」をタップする

ホーム画面にパスワードマネージャーのショートカットが作成される。タップすると、すぐに「パスワードマネージャー」画面が表示される

089

ブラウザ

マスト!

Webのページ内を
キーワード検索する

Chromeで表示中のページ内から、特定の文字列を探したい場合は、「ページ内検索」機能を利用する。まずはオプションメニューボタンから「ページ内検索」をタップして、表示された検索欄にキーワードを入力してみよう。すると、Webページ内の一致テキストが黄色でハイライト表示されるはずだ。画面上部の矢印キーをタップすれば、前の／次の一致テキストに移動もできる。また、一致したテキストがページ内のどの位置にあるかも右側にバーで表示してくれるので便利だ。

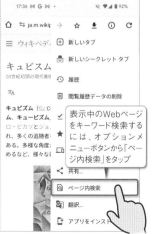

表示中のWebページをキーワード検索するには、オプションメニューボタンから「ページ内検索」をタップ

検索欄にキーワードを入力すれば、ページ内で一致するテキストがハイライト表示される。右側のバー表示で一致したテキストの位置も確認可能。検索欄右の「∧」と「∨」で前の／次の一致テキストに移動できる

090

ブラウザ

Chromeと
iPadのSafariで
ブックマークを同期

Androidスマートフォンと iPad で同じブックマークを利用するには、どちらも Chrome を使うのが手っ取り早い。ただ Windows パソコンがあれば、Windows の Chrome を経由して、iPad の Safari と Chrome のブックマークを同期させることが可能だ。

Windows用iCloud
作者／Apple　価格／無料
入手先／https://support.apple.com/ja-jp/HT204283

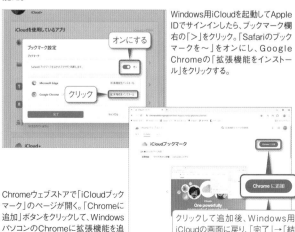

Windows用iCloudを起動してApple IDでサインインしたら、ブックマーク欄右の「>」をクリック。「Safariのブックマークを～」をオンにし、Google Chromeの「拡張機能をインストール」をクリックする。

クリックして追加後、Windows用iCloudの画面に戻り、「完了」→「結合」をクリック。これで、ChromeとSafariのブックマークが同期される

Chromeウェブストアで「iCloudブックマーク」のページが開く。「Chromeに追加」ボタンをクリックして、WindowsパソコンのChromeに拡張機能を追加する。

091

Webブラウザ

広告をシャットアウトして
快適に使えるWebブラウザ

広告やトラッカーをブロックして高速閲覧が可能

多くのWebサイトには多種多様な広告が表示されている。無料でサービスを受けるために必要なものもあるが、全画面表示や誤タップの誘導など悪質な仕組みも数多い。そこで、広告をブロックして非表示にできるWebブラウザ「Brave」がおすすめだ。特に設定も必要なく、Chromeと同様の操作で利用可能。

APP

Brave
作者／Brave Software
価格／無料

1 特に設定の必要なくすぐに利用可能

このシールドアイコンをタップすると、ブロックした広告や不審な通信の数を確認できる。また、表示されるスイッチをオフにすれば広告を表示することも可能

広告が消去された

上部の検索ボックスにキーワードやURLを入力してサイトにアクセスする。初回は使用する検索エンジンの選択画面が表示される。

2 Braveの機能や各種設定

画面下部の右から2つめのタブボタンをタップすると、タブ一覧が表示される。オプションメニューボタンで「新しいプライベートタブ」を選ぶと、履歴などを残さないプライベートモードを利用可能

Braveの各種機能はChromeと同じような操作で利用できる。タブボタンやオプションメニューボタン、ブックマークボタンは画面下部にある。

3 デフォルトのブラウザに変更

「デフォルトのブラウザと…」をタップし、次の画面で「次へ」をタップ。次の画面でBraveを選択する(「設定」の「デフォルトのアプリ」画面が表示される場合は、「ブラウザアプリ」をタップしてBraveを選択)。Chromeなどに戻したいときは、「設定」→「アプリ」→「デフォルトのアプリ」→「ブラウザアプリ」画面で変更する

画面右下のオプションメニューボタンから「デフォルトのブラウザと…」を選ぶと、Braveがデフォルトのブラウザに設定される。

092

スクリーンショット

Webサイト全体のスクリーンショットを保存する

Chromeで開いたWebページのスクリーンショット(No035で解説)を撮ると、表示中の画面を画像として保存できるが、見えない部分も含めたWebページ全体をまるごと保存することも可能だ。電源キーと音量キーの下を押してスクリーンショットを撮影し、画面下部に表示されるサムネイルのメニューで「キャプチャ範囲を拡大」をタップしよう。すると、撮影範囲の調整画面に切り替わり、切り抜きガイドを最大エリアまで広げることで、ページ全体を保存可能だ。Chrome以外でも使えるので覚えておこう。

電源キーと音量キー下を押した後、画面下部の「キャプチャ範囲を拡大」をタップ

切り抜きガイドで範囲を拡大して、最後に画面左上の「保存」をタップ。Chrome以外でも利用可能な機能だ

093

通信速度

Googleでネットの通信速度を測定する

Webページを開くのに時間がかかったり、ネットへの接続が不安定な時は、通信速度を計測してみよう。計測アプリを使わなくても、Chromeで「インターネット速度テスト」や「スピードテスト」と入力し検索すれば、Googleの通信速度計測サービスを手軽に利用できる。検索結果のトップに「インターネット速度テスト」と表示されたら、「速度テストを実行」をタップするだけだ。30秒ほどでテストが完了し、ダウンロードとアップロードの通信速度が表示される。

Chromeで「インターネット速度テスト」や「スピードテスト」と検索し、検索結果の「速度テストを実行」をタップする

30秒程度で、下りと上りの計測結果が表示される。普段から定期的に計測して、自分の通信回線の平均速度を把握したい。なお、モバイルデータ通信でテストする際は、データ通信が発生するので注意しよう

094

リーディングリスト

気になった記事を保存して
あとで読めるようにする

マスト!

オフラインでも
読めるように情報を
保存しておこう

「Pocket」は、あとで読みたいWebページやX（旧Twitter）内の記事を保存できるアプリだ。アプリを導入したらPocketにログインし、ブラウザやXアプリのメニューから「共有」→「＋Pocket」をタップ。これで表示中の内容がPocketに保存される。保存した記事はオフライン環境で読むことが可能だ。

APP

Pocket
作者／Mozilla Corporation
価格／無料

1 ブラウザで「Add to Pocket」をタップ

各アプリの共有機能を呼び出し「＋Pocket」を選択する。Chromeの場合は画面右上のオプションメニューボタンから「共有」を選択。表示されたメニューで「＋Pocket」をタップ。「＋Pocket」が下の方にあって選びづらい場合は、アイコンをロングタップして「＋Pocketを固定」をタップ。これでメニュー上部に固定される

まずはPocketを起動してログイン。ChromeやXアプリで保存したいページやツイートを開き、共有機能から「＋Pocket」を選択。

2 記事保存時に表示されるボタン

「Pocketに保存しました!」をタップするとPocketが起動。右端のボタンをタップすると、記事に付けるタグを選択できる

Pocketの設定で「クイック保存アクション」をオンにしていると、記事保存時の画面に、Pocketを開いたりタグを付加できるボタンが表示される。

3 Pocketに保存された記事をタップ

オフラインでもタップして閲覧できる

記事がPocketに保存されたら、Pocketを起動。先ほど保存した記事が一覧表示されているはずだ。保存した記事はオフラインでも読める。

095

データ転送

iPhoneとスムーズにデータを
やり取りする

マスト!

登録不要で
すぐに使える
手軽さが魅力

Android同士でのファイルのやり取りはQuick Share機能（No016で解説）を使えばよいが、相手がiPhoneの場合は、「Send Anywhere」というアプリの利用がおすすめ。写真や各種ファイルを選択して送信ボタンをタップ。あとは6桁のキーを相手が入力すれば送受信が完了する。会員登録やログイン不要で利用できる点も魅力だ。

APP

Send Anywhere
作者／Rakuten Symphony Korea, Inc.
価格／無料

1 ファイルを選択して送信ボタンをタップ

ファイル選択後、右下の「送信」をタップ。端末内のファイルは、Send Anywhereの画面に自動でジャンルごとに一覧表示される。写真と動画など、別種のファイルをまとめて送信することも可能

ファイルを送信したい場合は、下部メニューで「送信」を選択後、上部メニューでカテゴリを選び、送信したいファイルを選択していく。

2 6桁のキーかQRコードを伝える

6桁のキーを伝えるかQRコードを読み取ってもらう。有効期限は10分だ

「送信」をタップすると、6桁のキーとQRコードが表示される。キーを受信する相手に伝えるかQRコードを読み取ってもらう。

3 6桁のキーを入力してファイルを受信

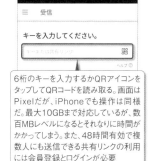

6桁のキーを入力するかQRアイコンをタップしてQRコードを読み取る。画面はPixelだが、iPhoneでも操作は同様だ。最大10GBまで対応しているが、数百MBレベルになるとそれなりに時間がかかってしまう。また、48時間有効で複数人にも送信できる共有リンクの利用には会員登録とログインが必要

ファイルを受け取る側は、下部メニューで「受信」をタップし、6桁のキーを入力するかQRコードを読み取る。

096

マスト!

X（旧Twitter）の検索オプションを使いこなそう

X（旧Twitter）

X（旧Twitter）でポストを検索する際に、検索オプションを活用すれば、よりピンポイントに目的のポストを探し出せるようになる。通常のWeb検索のように、「A B」（間にスペース）でA、Bを含むAND検索、「A OR B」でAまたはBのOR検索、「-A」でAを除くNOT検索、

「"ABC"」でダブルクオーテーションで囲んだキーワードの完全一致検索が可能だ。また下にまとめたように、特定の言語や特定期間、一定のお気に入り数があるポストのみを抽出することも可能だ。

Xの便利な検索オプション

lang:ja
日本語ポストのみ検索
lang:en
英語ポストのみ検索
near:新宿 within:15km
新宿から半径15km内で送信されたポスト
since:2016-01-01
2016年01月01日以降に送信されたポスト
until:2016-01-01
2016年01月01日以前に送信されたポスト
filter:links
リンクを含むポスト
filter:images
画像を含むポスト
min_retweets:100
リツイートが100以上のポスト
min_faves:100
お気に入りが100以上のポスト

beatles lang:ja since:2024-04-01

ここでは、「beatles」を含む日本語のポストで2024年4月1日以降のものだけを検索した

097

マスト!

X（旧Twitter）で知り合いに発見されないようにする

X（旧Twitter）

X（旧Twitter）では、連絡先アプリ内のメールアドレスや電話番号から知り合いのユーザーを検索できるが、自分のXアカウントを知人にあまり知られたくない人もいるだろう。そんな時は、Xアプリのサイドメニューを表示し、「設定とサポート」→「設定とプライバシー」→「プ

ライバシーと安全」→「見つけやすさと連絡先」をタップ。「メールアドレスの照合と通知を許可する」と「電話番号の照合と通知を許可する」をオフにしておこう。これでメールアドレスや電話番号で知人に発見されることがなくなる。

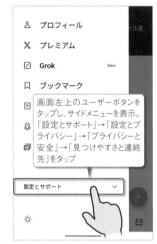

画面左上のユーザーボタンをタップし、サイドメニューを表示。「設定とサポート」→「設定とプライバシー」→「プライバシーと安全」→「見つけやすさと連絡先」をタップ

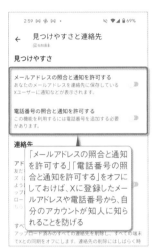

「メールアドレスの照合と通知を許可する」「電話番号の照合と通知を許可する」をオフにしておけば、Xに登録したメールアドレスや電話番号から、自分のアカウントが知人に知られることを防げる

098

特定のユーザーのポストを見逃さないようにする

X（旧Twitter）

X（旧Twitter）で、たまにしかポストしないミュージシャンのポストを見逃さずチェックしたいといった場合は、プッシュ通知を設定しよう。まず、Pixel本体の「設定」→「通知」→「アプリの通知」で「すべてのアプリ」を表示し、Xの通知をオンに。その後、Xの画面左上のユーザーア

イコンからメニューを開き、「設定とサポート」→「設定とプライバシー」→「通知」→「設定」→「プッシュ通知」で「プッシュ通知」をオンにしておく。あとは、通知したいユーザーのプロフィールページで通知を有効にすればよい。

通知を受け取りたいユーザーのプロフィールページを開き、フォローした上で、ベル型のアカウント通知ボタンをタップ

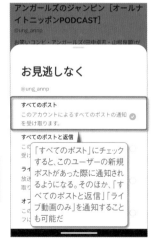

「すべてのポスト」にチェックすると、このユーザーの新規ポストがあった際に通知されるようになる。そのほか、「すべてのポストと返信」「ライブ動画のみ」を通知することも可能だ

099

指定した日時にX（旧Twitter）に自動ポストする

X（旧Twitter）

X（旧Twitter）のWeb版を使えば、指定した日時に自動ポストする予約投稿機能を利用できる。夜中に作成した文章を、せっかくなので多くの人が目にする日中にポストしたいといった場合や、日付が変わった瞬間に投稿したい誕生日のお祝いポスト、イベント開催直前のリマ

インドポストなど、さまざまなシーンで助かる機能だ。ChromeなどのWebブラウザでXのサイト（https://x.com/）にアクセスし、ポストボタンをタップ。文章を入力して予約投稿の日時を設定しよう。

ポストボタンをタップして文章を入力し、予約投稿ボタンをタップ

日時を設定し、画面右上の「確認する」をタップ。続けて「予約設定」をタップすれば予約は完了。予約ポストは、ポスト画面の「下書き」→「予約済み」で確認できる

100

マスト！

X（旧Twitter）で苦手な話題が 目に入らないようにする

見たくない内容 は「ミュート」 しておこう

X（旧Twitter）を使っていると、拡散されたデマツイートが延々とタイムラインに流れたり、知りたくなかったドラマのネタバレ実況が流れたりと、見たくもないツイートを見てしまうことがある。そんな時に便利なのが「ミュート」機能。見たくない単語やフレーズを登録しておけば、そのワードを含むツイートが自分のタイムラインに表示されなくなり、通知も届かなくなる。ミュートするキーワードには、大文字小文字の区別がない。また、キーワードをミュートすると、そのキーワードのハッシュタグもミュートされる。

1 ミュートする キーワードをタップ

画面左上のユーザーアイコンをタップし、サイドメニューを開いたら、「設定とサポート」→「設定とプライバシー」→「プライバシーと安全」→「ミュートとブロック」→「ミュートするキーワード」をタップ。

2 見たくない単語や フレーズを追加

「＋」ボタンをタップして、「単語やフレーズを入力」に見たくないキーワードを入力し、右上の「保存」をタップしよう。ミュート対象や期間も設定できる。

3 追加したキーワード が表示されなくなる

自分の趣味嗜好に関するワードのほか、「プロフのリンク」や「プロフから」、「拡散希望」といった、ノイズになりそうなキーワードを追加しておこう。「#拡散希望」などのハッシュタグも自動的にミュートされる

101

X（旧Twitter）に投稿された 動画を保存する

Xの共有 メニューから 手軽に保存できる

X（旧Twitter）に投稿された画像は公式アプリで簡単に保存できるが、動画は保存できない。これを保存可能にするアプリが「Twitter動画保存ツール」だ。Xアプリで保存したい動画を探し、共有ボタンをタップして「TwiTake」を選択すると、画質を選択して保存できる。保存した動画はTwitter動画保存ツールやフォトアプリで確認可能だ。

APP

Twitter動画保存ツール
作者／Video Downloader & Fast Saver
価格／無料

1 Xの共有ボタンで TwiTakeを選択

まずXアプリで保存したい動画が添付されたツイートを表示し、右下にある共有ボタンをタップ。続けて「共有する」→「TwiTake」をタップする。

2 ダウンロードボタン をタップする

ダウンロードボタンをタップ。ダウンロード前にログインを求められた場合は、Twitterアカウントでログインしよう

Twitter動画保存ツールが起動し、上の画面が表示されたら画質を選択して「ダウンロード」をタップする。

3 Xの動画が ダウンロードされる

保存した動画はTwitter動画保存ツール上のほか、Filesアプリの「ダウンロード」→「TwiTake」、フォトアプリの「ライブラリ」→「TwiTake」で確認、再生できる

テザリング機能を利用して外部機器をWi-Fi接続する

他のスマホやゲーム機などをインターネットに接続

「テザリング」とは、スマートフォンのモバイルデータ通信機能を使って他の機器をインターネットに接続できるようにする機能だ。他のスマートフォンやタブレットはもちろん、Wi-Fi接続機能があるノートパソコン、ゲーム機などを手軽に接続することができる。なお、テザリングで注意したいのがモバイルデータ通信の使用量だ。無制限のプランを除き全てのキャリアで、一定の通信量を超えると通信速度規制が課せられるので、うっかり使いすぎないように注意しよう。

1 テザリング機能をオンにする

「設定」→「ネットワークとインターネット」→「アクセスポイントとテザリング」→「Wi-Fiアクセスポイント」で「Wi-Fiアクセスポイントを使用する」のスイッチをオンに。

2 Wi-Fiのパスワードを確認する

ネットワーク名を確認し、続けて「Wi-Fiテザリングのパスワード」をタップして、パスワードも確認しておこう。それぞれ変更することもできる。

3 Wi-Fi対応機器からテザリングで接続

今回はiPadを接続。確認したアクセスポイント名が、iPadのWi-Fi接続画面に表示されるのでタップする。パスワード入力画面が表示されたら、同じく「アクセスポイントのパスワード」で確認したパスワードを入力しよう。これだけで、Pixelのモバイルデータ通信を経由して、iPadでインターネットが利用可能になった。

Pixelからパソコンを遠隔操作する

Chromeリモートデスクトップを利用しよう

Pixelから離れた場所のパソコンを遠隔操作したいときは、Googleが提供する「Chromeリモートデスクトップ」を利用しよう。設定項目も少なく接続操作もシンプル。パソコンのChromeに機能拡張を追加して、簡単な設定を行うだけで、すぐに接続可能だ。スリープ中のパソコンに接続して、遠隔操作を開始することもできる。

APP

Chromeリモートデスクトップ
作者／Google LLC
価格／無料

1 Chromeに拡張機能を追加する

パソコンでChromeを開き、「remotedesktop.google.com/support」にアクセス。リモートアクセスの設定画面でダウンロードボタンをクリック。表示されたChrome Remote Desktopの画面で「Chromeに追加」をクリックして拡張機能を追加する。

2 リモートアクセスの設定を行う

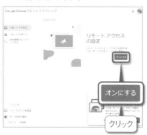

リモートアクセスの設定画面に戻り、ページをリロードする。ダウンロードボタンの部分が「オンにする」に変わるので、これをクリック。パソコンの名前を入力（そのままでもよい）して「次へ」をクリックする。6桁以上のPIN（暗証番号）を設定して「起動」をクリックすれば準備完了だ。

3 Pixelからパソコンに接続

Pixelのchromeリモートデスクトップを起動し、右上のユーザーアイコンでパソコンと同じGoogleアカウントでログインしていることを確認。リモートアクセス画面にパソコンの名前が表示されているので、クリックして設定したPINを入力すればパソコンに接続できる。タッチ操作でポインタを操作したり、画面下部の「テキストを送信」エリアを使って文字入力も行える

写真・
音楽・動画

いつも持ち歩くPixelは、カメラやミュージック
プレイヤー、動画プレイヤーとしても大活躍。
Pixelならではの機能で高度な
写真加工もお手の物だ。YouTubeを
もっと楽しむためのテクニックも紹介する。

104

フォトレタッチ

マスト!

写真の被写体を動かしたり
サイズを調整したりする

被写体を選択して
ドラッグで
自由に配置できる

写真に映り込んだ邪魔なものを消す「消しゴムマジック」（No003で解説）と違い、写っている人や物を切り取って別の場所に移動させたり、拡大・縮小したり、背景を差し替えるなど、あとから写真の構図をガラッと変えられる機能が「編集マジック」だ。被写体の動きをもっとダイナミックに見せたり、配置のバランスを整えるのに活用しよう。なお編集マジックは、従来はPixel 8シリーズでのみ使える機能だったが、現在はGoogle Oneに加入済みであれば、Pixel 7以前やiPhoneのフォトアプリでも使えるよう段階的に提供されている。

1 編集マジック
ボタンをタップ

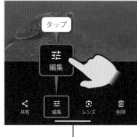

編集マジックを使うには、写真をGoogleフォトにバックアップする必要がある（No107で解説）。フォトアプリで写真を開いたら「編集」をタップし、続けて左下の編集マジックボタンをタップ。

2 被写体をタップ
して選択する

被写体を選択して移動やサイズ変更ができる。背景を選択して消去し、他の背景を生成することも可能だ

下部中央のボタンをタップして「空」や「水」を選択すると、写真の空や水をAIが生成したものに変更できる

動かしたりサイズを調整したい被写体をタップするか指で囲むと白く選択した状態になる。この状態で被写体をロングタップすると、他の場所にドラッグしたり、ピンチ操作で拡大・縮小できるようになる。

3 編集した写真を
選択して保存

左右にスワイプして写真を選択。一番右の「新しい結果セットを取得」をタップすると、さらに新しい写真を生成できる

タップして「コピーを保存」で保存

右下の矢印ボタンをタップすると、AIの生成写真が4枚表示される。左右にスワイプして、背景の合成などがうまく馴染んだ写真を選択し、チェックボタンをタップして「コピーを保存」で保存しよう。

105

フォトレタッチ

マスト!

無料なのが信じられない
最高のフォトレタッチアプリ

多彩なエフェクトを
使って簡単に写真を
加工できる

Pixelで撮影した料理や風景の写真をSNSなどにアップする際は、なるべく見栄えのよい写真に加工してから公開したいところ。Adobeの定番フォトレタッチアプリ「Lightroom」を使えば、切り抜きや角度補正、プリセットの適用、ライトやカラーの調整など、高度な編集を手軽に施すことができる。保存時にはファイル形式やサイズの変更も可能だ。

APP

Lightroom
作者／Adobe
価格／無料

1 編集したい写真
を選択する

編集したい写真をタップ

アプリを起動すると、「ギャラリー」画面で端末内の写真が一覧表示される。編集したい写真をタップしよう。右上のオプションメニューで、写真を並べ替えたり追加したりできる。

2 編集メニューで
写真を加工する

各種編集メニュー

下部の編集メニューで、写真を切り抜いたり、プリセットのエフェクトを適用したり、明るさやカラーを調整するなど、さまざまな編集を行える。星マークが付いた機能は有料のプレミアム機能だ。

3 加工した写真を
書き出して保存

タップ

タップして保存

編集が終わったら、画面右上の共有ボタンをタップし、表示されたメニューの「書き出し」をタップ。ファイル形式やサイズを選択して、右上のチェックボタンをタップすると、端末内に保存される。

106
カメラ

マスト！
カメラの露出を適切に する操作のコツ

明るいところや 暗いところを タップして調整

　Pixelのカメラは、画面内を タップした位置に合わせて自動 的にピントと露出が調整されるよ うになっている。このため、画面 内で暗い部分をタップすれば 全体的に明るくなり、明るい部 分をタップすれば全体的に暗く なる。画面内に黒つぶれや白飛 びした部分があるなら、タップす る位置を変えて露出を調整して みよう。また右下の編集ボタンを タップすると、明るさやシャドウ、 ホワイトバランスを手動で調整 できる。明暗差が大きい撮影場 所では、各項目のスライダーを 動かしてバランスを調整しよう。

1 画面内の暗い 部分をタップする

暗い部分をタップすると、そこに 合わせて明るさが調整され、全 体的に明るくなる

画面内が暗すぎて何が写っているのか分 からない時は、暗い部分をタップしよう。 画面全体が明るくなり暗い部分もしっかり 写るはずだ。ただし元々明るかった部分は 白飛びすることがあるので注意しよう。

2 画面内の明るい 部分をタップする

明るい空などをタップすると 全体的に少し暗くなるが、白 飛びは抑えられる

画面内で白飛びして輪郭が消えている箇 所があるなら、その部分をタップしてみよう。 画面は全体的に暗くなるが、白飛びを抑え て輪郭がはっきり表示される。

3 明るさやシャドウを 手動で調整する

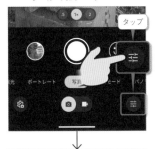

タップ

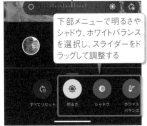

下部メニューで明るさや シャドウ、ホワイトバランス を選択し、スライダーをドラ ッグして調整する

明るさやシャドウ、ホワイトバランスを手動 で調整するには、右下の編集ボタンをタッ プすればよい。画面を見ながら各項目のス ライダーを動かし、ちょうどいいバランスに 調整して撮影できる。

107
写真管理

マスト！
写真や動画をクラウドへ バックアップしよう

フォトアプリを 使えば手軽に バックアップできる

　標準搭載されているGoogle の「フォト」アプリは、以前なら設 定次第では写真や動画を無料 かつ容量無制限でクラウド上に バックアップできたが、現在は Googleアカウントのストレージ 容量（無料アカウントでは最大 15GBまで）を消費するように なっている。それでも、Pixelで撮 影した写真や動画をクラウドへ バックアップするなら、Google フォトの利用がもっとも手軽で 便利なことに変わりはない。容 量が足りなくなったら、ストレージ 容量の追加購入も検討しよう。

1 バックアップと 同期を有効にする

オンにする

「フォト」アプリの「フォトの設定」→「バック アップ」でスイッチをオン。撮影した写真や 動画が自動でクラウド上にバックアップさ れる。

2 バックアップの 画質を変更する

「節約画質」でアップロード しても十分高画質。なるべ く無料で使い続けたいな ら、こちらを選んでおくのが おすすめだ

「バックアップの画質」をタップすると、写 真や動画を元の画質のままバックアップす るか、画質を少し下げて容量を節約しなが らバックアップするかを選択できる。

3 他のフォルダを バックアップする

写真や動画が保存された 他のフォルダのスイッチをオ ンにする。Playストアからカ メラアプリや写真加工アプ リをインストールしていると、 それぞれのアプリの保存用 フォルダが作成されている 場合が多い

Pixel内の他のフォルダも自動バックアッ プの対象にしたい場合は、「デバイスの フォルダのバックアップ」で対象にするフォ ルダをオンにしよう。

写真・音楽・動画

108

写真検索

写っている被写体で写真をキーワード検索

マスト!

「フォト」アプリの「検索」画面を開くと、さまざまな条件で写真をキーワード検索することが可能だ。地名を入力すれば撮影場所が一致する写真が一覧表示されるほか、「海」「花」「犬」などをキーワードに検索すれば、それらが写っている写真がピックアップされる。また、メ

ニューの「フォトの設定」→「ユーザー設定」→「フェイスグループ」で各スイッチをオンにし、「検索」画面で「人物とペット」にまとめられた顔写真に名前やニックネームのラベルを設定しておけば、そのラベルをもとに人物が写った写真を検索できるようになる。

「検索」画面で、場所（「京都」「鎌倉」など）や、被写体（「空」「赤ちゃん」など）を入力すれば、そのキーワードに合う写真が検出される。なお、撮影場所で検索できるのは、位置情報が記録された写真に限る

人が写っている写真を検索するには、「検索」画面の「人物とペット」にまとめられた顔写真を選択し、「名前を追加」をタップして、名前やニックネームでラベルを付けておけば良い

109

写真管理

バックアップした写真を端末から削除する

マスト!

No107で解説した通り、フォトアプリで「バックアップ」をオンにしておけば、Pixelで撮影した写真は自動的にクラウドストレージにアップロードされるようになる。クラウド上にバックアップされているなら、端末内の写真を削除しても問題ない。フォトアプリでアカウントボタン

をタップし、「フォトの設定」→「アプリとデバイス」→「デバイスの空き容量の確保」をタップすれば、クラウドにアップロード済みの写真や動画が検出されるので、「空き容量を○○増やす」をタップして端末内から削除してしまおう。

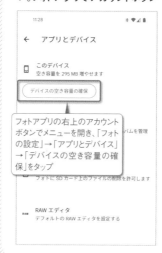

フォトアプリの右上のアカウントボタンでメニューを開き、「フォトの設定」→「アプリとデバイス」→「デバイスの空き容量の確保」をタップ

クラウドにアップロード済みの写真や動画が検出される。「空き容量を○○増やす」をタップすれば、これらの写真や動画は端末内から削除される

110

写真管理

撮影した写真を家族や友人とすぐに共有する

共有アルバムや共有パートナーを設定しよう

撮影した写真を家族や友人と共有したい時は、フォトアプリで共有アルバムを作成しよう。共有したい相手に招待メールを送ると、招待を受け取ったユーザーは共有アルバム内の写真を表示したり新しい写真を追加できるようになる。もっと近しい夫婦などの関係であれば、相手を「共有パートナー」に設定するのもおすすめだ。自分のGoogleフォトにあるすべての写真（または指定日時以降の写真や、指定した人物が含まれる写真）が自動的にパートナーと共有されるので、いちいち写真を送ったり共有アルバムを作成する必要がなくなる。

1 共有アルバムで共有する

画面右上の共有ボタンをタップし、「共有アルバムの作成」をタップ

アルバム名を付けて「写真の追加」で写真を追加し、「共有」をタップして招待メールを送信する

フォトアプリで「共有アルバム」を作成し、家族や友人に招待メールを送ると、招待された相手は共有アルバムの写真を表示したり、新しい写真を追加できるようになる。

2 共有パートナーと共有する

画面右上の共有ボタンをタップし、「パートナーと共有」をタップ

「開始日の選択」と「共有する写真を選択」で自動的に共有する範囲を指定し、共有するパートナーを招待しよう

フォトアプリで「共有パートナー」を設定すると、写真の一部またはすべてを自動的に共有できるようになる。夫婦など近い関係の相手と写真を共有したい時はこの方法がおすすめだ。

3 共有パートナーの写真を見る

共有パートナーの写真が表示される。なお、右上のオプションメニューボタンから「設定」→「アカウントへの保存」をタップすると、写真を自動保存するように設定できる

共有パートナー側からも自分を共有相手にして共有範囲を設定してもらおう。「共有」画面でパートナーの名前をタップすることで、共有パートナーの写真を見ることができる。

111
カメラ
マスト!
音量ボタンでシャッターを切る

Pixelのカメラで写真を撮影する際に画面内のシャッターボタンをタップしづらかったり、Pixelを横向きに構えてデジカメのように写真を撮影したい時は、カメラを起動した状態で音量ボタンの上下いずれかを押してみよう。シャッターが切れて写真を撮影できる。ビデオの撮影開始と停止も可能だ。音量ボタンをシャッターとして使えない時は、カメラの画面左下にある歯車ボタンをタップし、「その他の設定」→「ボタンのショートカット」→「音量ボタンの操作」が「シャッター」になっているか確認しよう。

音量ボタン(上下どちらでもよい)を押してシャッターを切る

音量ボタンでシャッターが切れない場合は、カメラの画面左下の歯車ボタンをタップし、続けて「その他の設定」→「ボタンのショートカット」→「音量ボタンの操作」をタップ。「シャッター」が選択されているか確認しよう

112
カメラ
音声でカメラのシャッターを切る

カメラアプリにはタイマーによる自動撮影機能(左下の歯車ボタンから設定)が搭載されているが、一定時間のカウントダウンしか設定できない。もっと自由なタイミングで撮影を行いたい場合は、Googleアシスタントを利用しよう(No001で解説したGeminiに切り替えていても問題ない)。「OK Google、写真を撮って」と呼びかけると、3秒のカウントダウン後に写真を撮影してくれる。「ビデオを撮って」や「自撮り写真を撮って」と呼びかけても対応してくれる。手ぶれが気になるシーンでも使いたい機能だ。

「OK Google、写真を撮って」と呼びかけると、GoogleアシスタントやGeminiが反応

すぐにカメラが起動し、写真の場合は3秒のカウントダウン後にシャッターが切られる。ビデオの場合はすぐに撮影が開始される

113
カメラ
自撮りで手のひらタイマーを利用する

Pixelのカメラを前面カメラに切り替えて自撮りする際は、カメラに手のひらをかざすことで自動的にシャッターを切ってくれる「手のひらタイマー」を利用できる。シャッターボタンをタップする必要がないので、自然なポーズでの自撮り撮影が可能だ。標準では、前面カメラで3秒または10秒のタイマーをセットした場合にのみ手のひらを検知するが、設定で「常にON」に変更しておけば、前面カメラでの自撮り時に手のひらを向けると、3秒カウントされたあとに自動でシャッターが切れるようになる。

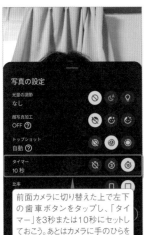

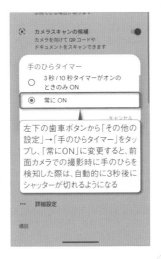

手のひらタイマー
○ 3秒/10秒タイマーがオンのときのみ ON
◉ 常に ON

左下の歯車ボタンから「その他の設定」→「手のひらタイマー」をタップし、「常にON」に変更すると、前面カメラでの撮影時に手のひらを検知した際は、自動的に3秒後にシャッターが切れるようになる

前面カメラに切り替えた上で左下の歯車ボタンをタップし、「タイマー」を3秒または10秒にセットしておこう。あとはカメラに手のひらを向けると、設定したタイマーのカウント後に自動でシャッターが切られる

114
フォトレタッチ
全員の表情がベストな集合写真を作成する

集合写真を撮った際に、こちらの写真では誰かが目を閉じており、別の写真では誰かが違う方向を向いている……など、全員がいい表情で写らなかった場合。複数の写真から一番いい表情だけをピックアップし、ひとつの写真に合成してベストな一枚を生成できる機能が「ベストテイク」だ。この機能は原稿執筆時点だとPixel 8シリーズのフォトアプリでのみ利用でき、似た構図の人物写真を複数枚撮影していることが条件となる。なお、Pixel以外で撮影した写真でも、フォトアプリに保存されていればベストテイクで編集可能だ。

フォトアプリで、複数枚撮影した集合写真のうちベースにする一枚を開いて「編集」をタップ。下部のメニューで「ツール」を開き、「ベストテイク」をタップする

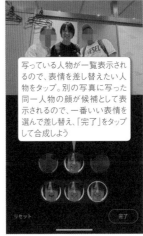

写っている人物が一覧表示されるので、表情を差し替えたい人物をタップ。別の写真に写った同一人物の顔が候補として表示されるので、一番いい表情を選んで差し替え、「完了」をタップして合成しよう

115 カメラ
電源ボタンで素早くカメラを起動する

いちいちホーム画面からカメラアプリを起動していては、せっかくのシャッターチャンスに間に合わない。Pixelでは、電源ボタン2回押すことで、スリープ中でもすばやくカメラを起動できるので覚えておこう。カメラが起動しない場合は、「設定」→「システム」→「ジェスチャー」

→「カメラをすばやく起動」がオンになっているか確認する。また、その下の「ひねる動作で前後のカメラを切り替え」がオンになっていれば、カメラを起動した状態で2回ひねる動作で、前面カメラと背面カメラを切り替えできる。

カメラをすばやく起動
電源ボタンを2回押して、カメラをすばやく起動できます。どの画面からでも操作できます。

「設定」→「システム」→「ジェスチャー」→「カメラをすばやく起動」がオンになっていれば、どの画面からでも、電源ボタン2回押すことでカメラを素早く起動できる

ひねる動作で前後のカメラを切り替え
Googleカメラを起動した状態で2回ひねる動作を行うことで、前面カメラと背面カメラを切り替えられます。

「設定」→「システム」→「ジェスチャー」→「ひねる動作で前後のカメラを切り替え」がオンになっていれば、カメラを起動した状態で2回ひねる動作(画面を手前から左もしくは右に2回振る)で、前面カメラと背面カメラを切り替えできる

---

116 文字認識
カメラで写した文字をコピーしたり翻訳したりする

書類に記載された内容をメールで送信したい場合などに、いちいち文字入力するのが面倒なら、「Googleレンズ」(No031で解説)を起動しよう。「検索」画面で書類を撮影することで、カメラに写った文字が認識され、テキストを選択してコピーできるようになる。また「翻

訳」画面に切り替えると、カメラ内で認識された100以上の言語をリアルタイムに翻訳してくれる。海外で見かけた看板や、レストランのメニュー、商品ラベルの内容を確認したい時に活用しよう。撮影すれば翻訳テキストのコピーも可能だ。

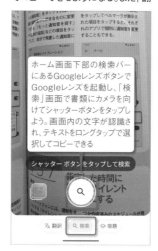

ホーム画面下部の検索バーにあるGoogleレンズボタンでGoogleレンズを起動し、「検索」画面で書類にカメラを向けてシャッターボタンをタップしよう。画面内の文字が認識され、テキストをロングタップで選択してコピーできる

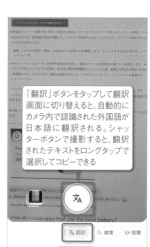

「翻訳」ボタンをタップして翻訳画面に切り替えると、自動的にカメラ内で認識された外国語が日本語に翻訳される。シャッターボタンで撮影すると、翻訳されたテキストをロングタップで選択してコピーできる

---

117 カメラ
静かな場所でシャッター音を鳴らさず撮影する

静かなレストランや撮影可能な美術館などで写真を撮る際は、この「Open Camera」を利用しよう。シャッター音を無音にできる他、写真の解像度も自由に変更可能。設定項目も豊富で広告なしで利用できるのもありがたい。

APP

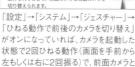

Open Camera
作者／Mark Harman
価格／無料

まず、歯車ボタンをタップして設定を開き、「カメラ用API」をタップして「Camera2 API」の方にチェックされているか確認する

続けて「カメラ制御の詳細設定」→「シャッター音」のスイッチをオフにすれば、シャッター音が無音になる

---

118 動画編集
動画内の雑音を消去して会話などをクリアにする

繁華街や道路沿いなど騒がしい場所でビデオ撮影すると、さまざまな雑音で声がかき消されて聞き取りづらいことがある。しかしPixel 8シリーズで利用できる「音声消しゴムマジック」を使えば、ノイズや特定の音だけを簡単に消し去り、メインの声だけがクリアに聞こえる動

画に編集することが可能だ。逆に声を小さくし、鳥や虫の鳴き声など自然の音だけが聞こえる動画にすることもできる。ただし、音声消しゴムマジックで編集できる動画は2分以内のものに限られるため、長い動画は分割して処理する必要がある。

フォトアプリで動画を開いたら「編集」をタップ。続けて「音声」→「音声消しゴムマジック」をタップする

AIが動画内の音声を解析し、声やノイズ、風、自然、周囲の人といった項目が表示される。各項目をタップすると、スライドバーでそれぞれの音量レベルを調整可能だ。声以外のすべての雑音を最小レベルにすれば、会話だけがクリアに聞こえる動画になる

119

写真整理

見られたく ない写真を 非表示にする

標準の「フォト」アプリには、人に見られたくないプライベートな写真や動画を「ロックされたフォルダ」に移動することで、非表示にする機能が用意されている。「ロックされたフォルダ」内の写真や動画は、画面ロックで保護され、認証を済ませないと閲覧できない。また、他のア

プリには表示されず共有もされなくなる。「フォトの設定」→「バックアップ」→「ロックされたフォルダをバックアップ」をオンにしておかないと、フォトアプリをアンインストールした際などに中の写真や動画が消えるので注意しよう。

フォトアプリで非表示にしたい写真や動画を選択したら、下部メニューの「ロックされたフォルダに移動」をタップしよう。ライブラリや他のアプリに表示されなくなる。また、設定で「ロックされたフォルダをバックアップ」をオンにしないと、クラウドからも消えてしまうので注意しよう

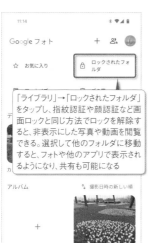

「ライブラリ」→「ロックされたフォルダ」をタップし、指紋認証や顔認証など画面ロックと同じ方法でロックを解除すると、非表示にした写真や動画を閲覧できる。選択して他のフォルダに移動すると、フォトや他のアプリで表示されるようになり、共有も可能になる

120

動画再生

ファイル形式を 気にせず動画を 再生する

パソコンなどからPixelに取り込んだ動画を再生したいなら、この「MX Player」をインストールしておこう。MP4やAVI、FLV、MKV、MOV、MPEG2、OGM、RM、WMVなど、主要なファイル形式に対応しており、変換不要でそのまま再生できる。

APP

MX Player
作者／MX Media & Entertainment Pte Ltd
価格／無料

アプリを起動すると、端末内から、動画が保存されたフォルダが自動で検出される。見たい動画を選んでタップし、再生を開始しよう。再生画面では、全画面表示や再生位置のシーク、音声トラックの選択、字幕のオンオフなどが可能。オプションメニューボタンでは表示に関する詳細な設定を行える。前回停止した位置から再生するレジューム機能も搭載している。

121

SNS

Instagramのストーリーを 足跡を付けずに閲覧する

検索したユーザーの ストーリーを ログイン不要で表示

Instagramは他のユーザーが投稿した写真や動画を見ても足跡（閲覧履歴）が残ることはないが、24時間で消えるストーリーを閲覧した場合は足跡が残るため、投稿者には誰がストーリーを見たのか分かる仕組みになっている。相手に知られずにストーリーを見たい場合は、「Insta StoriesViewer」（https://insta-stories-viewer.com/）というサービスを利用しよう。Instagramのユーザー名で検索すると、ログイン不要でそのユーザーのストーリーを閲覧できる。ログインせずに閲覧するため足跡も残らない。

1 Instagramの ユーザーを検索

まずChromeで「InstaStoriesViewer」（https://insta-stories-viewer.com/）にアクセスし、検索欄にInstagramのストーリーを見たい相手のユーザーネームを入力して検索しよう。

2 足跡をつけずに ストーリーを閲覧する

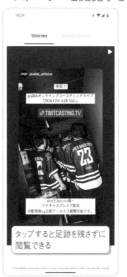

「Stories」タブで検索したユーザーのストーリーが一覧表示され、タップして再生できる。ログインせずに閲覧するため足跡は残らない。

3 ストーリーを ダウンロードする

ストーリーの再生画面上部にある「Download」ボタンをタップすると、このストーリーをダウンロード保存することもできる。

122

動画編集

動画を映像作品に仕上げる高機能編集アプリ

本格的な編集を加えてYouTubeなどにアップしよう

撮影した動画をYouTubeやSNSにアップする前に、動画編集アプリを使って見栄えのいい映像作品に仕上げてみよう。この「PowerDirector」を使えば、動画のカット編集や結合、テキストやBGMの追加、エフェクトの適用など、本格的な編集を施せる。ただし無料版では、出力した動画の右下にロゴが表示される。

APP

PowerDirector
作者／Cyberlink Corp
価格／無料

1 新規プロジェクトを作成する

アプリを起動したら「新規プロジェクト」をタップ。プロジェクト名や縦横比を選択し、編集したい動画を追加しよう。

2 タイムラインで動画を編集する

タップして出力

動画やエフェクト、BGMの追加や編集を行う

下部のタイムラインで、動画のカット編集や結合、エフェクトの追加、BGMの追加などの編集作業を行える。編集を終えたら、右上の出力ボタンをタップ。

3 編集した動画を出力する

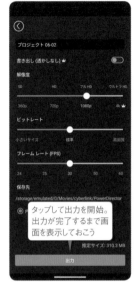

タップして出力を開始。出力が完了するまで画面を表示しておこう

ファイル名を付けて解像度やビットレート、フレームレートを選択し、保存先を指定したら、「出力」をタップして出力を開始しよう。

123

周辺機器

DVD再生とCD取り込みができるWi-Fiドライブ

パソコンを使わなくても、Pixelで直接DVDを視聴できる、Wi-Fi搭載の外付けドライブが「DVDミレル」だ。専用の「DVDミレル」アプリをインストールするだけで、PixelがDVDプレイヤーに早変わり。ドライブに挿入したDVDを、ワイヤレスで再生できるようになる。さらに音楽CDのリッピング機能も備えており、パソコンを一切使わずに、音楽CDの曲をPixelに取り込むことが可能だ。こちらも専用の「CDレコミュージック」アプリをインストールすれば利用できる。

アイ・オー・データ機器
DVDミレル(DVRP-W8AI3)
実勢価格／14,300円
無線LAN／IEEE802.11ac/n/a/g/b
サイズ／W145×H17×D168mm
重量／400g

Pixelに専用の「DVDミレル」および「CDレコミュージック」アプリをインストールすれば、ワイヤレスでDVDビデオを視聴したり、音楽CDを直接取り込める、Wi-Fi搭載DVD／CDドライブ。取り込みのファイル形式は、Android、iOSともにAAC／FLACとなる。

124

YouTube

マスト！

無料で広告をカットしてYouTubeを再生する

YouTubeでは多くの動画に広告が設定されており、YouTube Premium(No125で解説)に登録しないと広告を非表示にできない。しかし自動で広告をブロックするWebブラウザ「Brave」(No091で解説)でYouTubeにアクセスすれば、広告なしでYouTube動画を快適に視聴でき、バックグラウンド再生も可能になる。なお、iPhone版のBraveならYouTube動画をダウンロード保存してオフラインで再生することもできるが、Android版にはダウンロード機能がないので、別のツールを使おう(No126で解説)。

BraveでYouTubeにアクセスして動画を再生すると、再生前や再生中の広告が表示されず快適に視聴できる。またバックグラウンド再生にも対応しており、動画の再生中にホーム画面などを開いても再生が継続する

YouTubeをバックグラウンド再生できない時は、右下のオプションメニューボタンから「設定」→「メディア」を開き、「バックグラウンド再生」をオンにしよう。この画面では、YouTubeのおすすめコンテンツや、コメント、ショートなどを非表示にする設定も可能だ

125
YouTube

マスト！

一度使えばやめられない
YouTubeのすごい有料プラン

月額1,280円の
YouTube Premium
を使ってみよう

Braveを利用すれば無料でもYouTubeの広告を非表示にできるが（No124で解説）、Webブラウザでアクセスするため、操作性はあまりよくない。毎日にようにYouTubeを楽しんでいるヘビーユーザーは、月額1,280円の「YouTube Premium」に加入しておくのがおすすめだ。動画再生時に広告が表示されなくなり、バックグラウンド再生もできるほか、Android版Braveでは利用できないオフライン再生にも対応する。また、YouTubeの音楽サービス「YouTube Music Premium」の有料機能が追加料金なしで使える点もメリットだ。

1 YouTubeアプリで
マイページを開く

YouTubeアプリを開いたら、下部メニューの「マイページ」画面を開いて下にスクロール。「YouTube Premiumに登録」をタップしよう。

2 Premiumに
登録する

「YouTube Premiumに登録」をタップし、プランを選択して登録を進めよう。初回登録時のみ、1ヶ月間は無料で試用できる。

3 Premium機能
を解約するには

無料トライアル期間終了後の自動課金を防ぐには、アカウント画面の「購入とメンバーシップ」→「Premium」→「メンバーシップを解約」で解約する。

126
YouTube

YouTubeの動画を
Pixelに保存しよう

保存しておけば
オフラインでも
楽しめる

「Premium Box」なら、YouTubeの動画を端末に保存してオフラインで楽しめる。また、バックグラウンド再生も行える。ただしダウンロード機能を15日以上使うには、480円の課金が必要。無料で保存したいなら「ONLINE VIDEO CONVERTER」（https://ja1.onlinevideoconverter.pro/）などWebサービスを使おう。

1 内蔵ブラウザで
動画を保存

タップして画質を選びダウンロード。ダウンロード機能の試用期間は15日で、以降もダウンロード機能を利用するには、480円の課金が必要となる。なお内蔵ブラウザでYouTubeにアクセスできない場合は、「設定」→「ユーザーエージェント」を「Chrome（PC版）」などに変更してみよう

内蔵ブラウザでYouTubeにアクセスして動画を再生すると、ダウンロードボタンが有効になるので、タップして「保存」をタップ。

2 ダウンロードした
動画を再生

タップして再生

ダウンロードした動画は「ファイル」タブで確認できる。オフラインで再生できるほか、バックグラウンド再生にも対応している。

3 Webサービスなら
無料で保存できる

アプリを使わなくても、「ONLINE VIDEO CONVERTER」（https://ja1.onlinevideoconverter.pro/）にアクセスすれば、YouTube動画を無料でダウンロードできる。入力欄にYouTube動画のURLを貼り付け、変換形式を選択して「CONVERT」をタップ。画質を選んで「DOWNLOAD」をタップしよう。ただし広告が非常に多いので、WebブラウザはBrave（No091で解説）を利用するのがおすすめだ

写真・音楽・動画

127

LINE

YouTubeをオンラインの友人と一緒に楽しむ

複数人で同時にYouTube動画を視聴できる

LINEでのグループ通話中に、「みんなで見る」機能を利用すると、YouTubeの動画を他のユーザーと一緒に視聴できる。YouTubeの再生中でも音声通話やビデオ通話は継続するので、同じ動画を観て感想を語り合いながら楽しむことが可能だ。なお、右で紹介している手順のほかにも、あらかじめYouTubeで観たい動画のURLをコピーしておき、LINEで通話を開始したり通話画面に戻ることで、画面内に動画のバナーが表示され、タップして共有を開始できる。YouTubeの履歴などに観たい動画がある場合はこちらのほうがスムーズだ。

1 LINE通話中に画面シェアする

タップ。1対1での音声通話時はこのボタンが表示されないが、2人だけのグループを作ることで表示される

「YouTube」タブでYouTubeビデオを検索する

LINEで音声通話やビデオ通話をしているときに、画面右下の「画面シェア」をタップ。「YouTube」タブでYouTubeのビデオを検索しよう。

2 見たい動画をタップして再生

観たい動画をタップし、「開始」をタップ

みんなで見たい動画が見つかったら、タップして「開始」をタップしよう。再生が開始される。なお、この検索画面は相手と共有されない。

3 YouTubeの動画を一緒に楽しめる

このように、全員の画面で同じYouTube動画が同時に再生され、感想を言い合ったりして楽しめる。通信環境などによって、多少タイムラグが出ることがある

128

YouTube

YouTubeで見せたいシーンを指定して共有する

YouTubeの動画を友人に紹介する時は、見せたいシーンを指定することができる。一部のクリエイターの動画は、特定のシーンを抜き出して共有できるクリップ機能に対応しているので、クリップした動画をメールやLINEで送ればよい。ただし、クリップした動画を共有すると、再生画面で自分のYouTubeアカウント名を相手に知られてしまう。自分のアカウント名を知られたくない場合や、クリップに非対応の動画の場合は、指定した時間から再生が開始されるリンクを作成し、これをメールなどに貼り付けて送ろう。

「クリップ」をタップすると、動画から5〜60秒のシーンを抜き出してループ再生する。青いバーで見せたい範囲を選択し、「クリップを共有」をタップしてメールやLINEで送信しよう

指定した時間から再生が開始されるリンクを作成する。例えば、1分32秒経過したシーンから見てほしい場合は、動画のURL末尾に「?t=1m32s」と追加しよう。「?t=92s」と秒数に換算してもよい。受け取った相手がこのURLをタップすると指定時間から動画が再生される。なお、コピーしたURLに「?si=」という文字列が含まれている場合は、「?si=」以降を削除した上で「?t=1m32s」などの秒数指定を追加したリンクにする必要がある

129

YouTube

YouTubeのレッスンビデオをスローで再生しよう

YouTubeではちょっと検索するだけで、ピアノの弾き方やダンスの振り付け、英会話のコツ、アプリの使い方、エアコンの修理方法など、あらゆるジャンルの解説動画が見つかる。無料とは思えない良質な動画も多く、何かを学びたいときには非常に参考になる。このようなレッスンビデオを視聴しているときに、「もっとゆっくり(もしくは速く)再生したい」と思ったら、動画の再生速度を調整してみよう。動画のオプションメニューから「再生速度」をタップすれば、0.25倍速〜2倍速の間で再生速度を設定可能だ。

YouTubeアプリで目的の動画を再生したら、再生画面をタップ。画面右上の歯車ボタンをタップしよう

メニューが表示されるので「再生速度」をタップ。あとは好きな再生速度を選べばOKだ。再生速度は0.25倍速〜2倍速まで選択できる

✨マスト！

マルチウィンドウで 各種動画を再生する

動画を見ながら 他のアプリを 利用できる

マルチウィンドウ機能（No012で解説）で画面を分割すると、片方の画面で動画を再生しながら、もう片方の画面で他のアプリを利用できる。YouTubeの動画も再生しながら他のアプリが使えるので、YouTube Premiumに加入していなくても、擬似的なバックグラウンド再生が可能だ。また、LINEの「みんなで見る」（No127で解説）はYouTubeしか対応していないが、たとえば各自で加入しているAmazon Primeなどの映画を同時に再生し、片方の画面でLINEをやり取りすることで、ウォッチパーティ的な楽しみ方もできる。

1 YouTubeの動画を 流しながら作業できる

YouTubeの画面を分割すると、YouTubeのビデオを流しながら他のアプリを利用できるので、バックグラウンド再生のようにBGMを流しながら作業が可能だ。

2 友人と同じビデオを 見て盛り上がる

再生のタイミングを合わせて楽しもう

Amazonプライムなどで友人たちと同時に同じビデオを流しながら、グループLINEなどで盛り上がるウォッチパーティ的な楽しみ方もできる。

3 2画面で同時に再生 することはできない

複数のアプリで動画の再生画面を2つ表示することは可能だが、2画面で同時に再生することはできない。片方の画面で再生を開始すると、もう片方の動画は再生が停止する。

パソコンの曲をクラウド 経由で自由に聴く

YouTube Musicで 手持ちの曲を アップロードしよう

標準の音楽プレイヤー「YouTube Music」は手持ちの曲を最大10万曲までアップロードできる機能を備えており、アップロードした曲はYouTube Musicアプリから自由に再生して楽しめる。アプリからは曲をアップロードできないので、パソコンのWebブラウザでmusic.youtube.comにアクセスし、曲が入ったフォルダごと画面内にドラッグ＆ドロップしよう。YouTube Musicアプリでは、「ライブラリ」画面で表示するアイテムを「アップロード」に切り替えると、アップロード済みの曲を再生できる。

曲の入ったフォルダごと画面内にドラッグ＆ドロップ

1 画面内に曲を ドラッグする

パソコンのWebブラウザでmusic.youtube.comにアクセスし、曲が入ったフォルダごと画面内にドラッグ＆ドロップする。

2 アップロードの 完了を待つ

曲のアップロードが開始されるので、完了するまでしばらく待とう。アップロードできる曲のファイル形式は、FLAC、M4A、MP3、OGG、WMAとなっている。

3 YouTube Music アプリで再生する

「アップロード」を選択する

YouTube Musicアプリの「ライブラリ」画面を開き、上部メニューの「ライブラリ」をタップ。「アップロード」を選択すると、自分でアップロードした曲を確認・再生できる。

132

音楽

マスト!

シンプルで使いやすい音楽再生アプリ

もっとシンプルな音楽プレイヤーに乗り換えてみよう

YouTube Music（No131で解説）は、YouTubeにアップされた大量の曲を無料で聴けるのがウリのひとつだが、無料版だと再生時に広告が入るほか、バックグラウンドで再生できず、検索結果に「歌ってみた」動画などが混ざる点も使いにくい。Pixelに転送した曲を再生したいだけなら、この「Pulsar」のようなシンプルなアプリを利用するのがおすすめだ。

APP

Pulsar
作者／Rhythm Software
価格／無料

1 パソコンの曲をPixelにコピーする

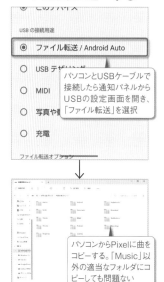

パソコンとUSBケーブルで接続したら通知パネルからUSBの設定画面を開き、「ファイル転送」を選択

パソコンからPixelに曲をコピーする。「Music」以外の適当なフォルダにコピーしても問題ない

パソコンとPixelをUSBケーブルで接続し、「ファイル転送」モードにしたら、Pixelの内部ストレージを開く。「Music」などのフォルダに曲をコピーしよう。

2 Pulsarで曲を探して再生する

上部のタブでカテゴリを切り替える

Pulsarを起動すると、Pixelにコピーした曲ファイルを自動で認識してくれる。上部の「アルバム」や「楽曲」、「フォルダ」などのタブから曲を探して再生しよう。

3 曲の再生画面と行える操作

歌詞が含まれる曲はここをタップして歌詞を表示できる

再生キューの確認や順番の変更が可能。他にも、右上のオプションメニューボタンからスリープタイマーを設定したり、再生速度変更ボタンを表示できる

曲をタップすると再生が開始される。下部のミニプレイヤー部をタップすると再生画面が表示され、シャッフルやリピート、再生キューの確認、歌詞の表示なども行える。

133

リンク

音楽の全配信サービスへのリンクを生成する

音楽配信サービスで気に入った曲を見つけてSNSなどで紹介したい場合、たとえばApple Musicの曲リンクを投稿しても、Apple Musicを利用していない人はリンクにアクセスして曲を聴くことができない。そんな時は「Songwhip」を利用してみよう。曲名などで検索すると、その曲を配信するさまざまな音楽ストリーミングサービスへのリンクを一括生成してくれる。あとはこのページをSNSなどで共有すれば、アクセスした人は自分が利用しているサービスのリンクをタップして曲を聴くことができる。

さまざまな音楽ストリーミングサービスへの一括リンクページが生成される。右上のオプションメニューボタンから、このWebページをSNSなどで共有しよう

Chromeなどで「Songwhip」（https://songwhip.com/）にアクセスし、「MAKE A LINK NOW」をクリック。曲名などで検索するか、音楽配信サービスでコピーした曲リンクを貼り付けて検索

134

音楽

流れている曲の情報をすぐに調べる

Pixelには、付近で流れている音楽の曲名やアーティスト名を特定し、ロック画面にリアルタイムで表示してくれる「この曲なに?」が搭載されている。曲の詳細を調べたい時は、ロック画面や通知画面に表示されている曲名をタップ。YouTube Musicにある曲ならすぐに再生可能だ。また、あとから先程流れていた曲が気になった場合でも、「設定」→「音とバイブレーション」→「この曲なに?」→「「この曲なに?」の履歴」画面にPixelが認識したすべての曲の履歴が残っており、タップして詳細を調べられる。

まずはPixelの「設定」→「音とバイブレーション」→「この曲なに?」を開き、「近くで流れている曲の情報を表示」をオンにしよう。Pixelが周囲に流れている曲を自動的に特定するようになる

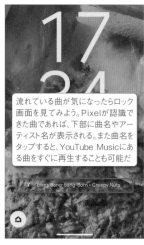

流れている曲が気になったらロック画面を見てみよう。Pixelが認識できた曲であれば、下部に曲名やアーティスト名が表示される。また曲名をタップすると、YouTube Musicにある曲をすぐに再生することも可能だ

GooglePixel
Benrisugiru
Techniques
Section

5

仕事
効率化

高性能なPixelは、仕事でもしっかり使いこなしたい。
人気のカレンダーやノートアプリ、
クラウドサービスから生成AIを導入した
最新テクニックまでを駆使して、
あらゆる仕事を効率化しよう。

ベストなカレンダーアプリで スケジュールをきっちり管理

マスト！

Googleカレンダーと 同期する使い勝手の いいカレンダーアプリ

スケジュールを管理するには標準のGoogleカレンダーアプリでもよいが、もっと予定が見やすく使い勝手のよいカレンダーアプリを探しているなら、この「aCalendar」がおすすめ。Googleカレンダーと同期できる人気のカレンダーアプリだ。月表示でもきちんとイベント内容を確認でき、週表示でも小さく月カレンダーが表示されるなど、スケジュールのチェック時に助かるレイアウトが魅力だ。

基本的な操作方法は、画面内を左右にフリックして月／週／日カレンダーに切り替え。上下スワイプで前の／次の予定を表示。日付をロングタップで新規イベントの作成。左上の三本線ボタンでメニューを開くと、年／予定表リストへの切り替えもできる。左右フリックでのカレンダー切り替え操作は少し独特で、指を置いた日を起点にして週／日カレンダーに切り替わる仕様になっている。

なお、有料版の「aCalendar+」(1,560円)であれば、Googleタスクと同期可能なタスク管理機能なども追加される。さらに、「aCalendar Store」をインストールすれば、特定のスポーツチームのスケジュールなどをインポートできる。

GooglePixel
Benrisugiru
Techniques
Section
5

APP

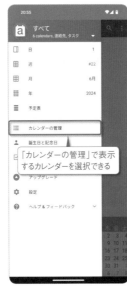

aCalendar
作者／Tapir Apps GmbH
価格／無料

Googleカレンダーとの同期と基本操作

1 起動してGoogle カレンダーと同期

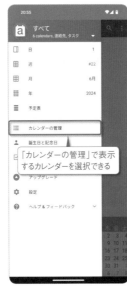

「カレンダーの管理」で表示するカレンダーを選択できる

初回起動時に連絡先やカレンダーへのアクセスを許可すると、Googleカレンダーと同期する。左上の三本線ボタンでサイドメニューを開くと、表示形式の切り替えや、カレンダーの管理を行える。

2 デフォルトカレンダー の設定

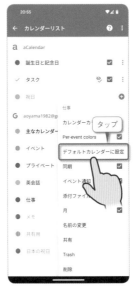

タップ

新規イベント作成時のデフォルトカレンダーを変更するには、サイドメニューから「カレンダーの管理」をタップし、カレンダーをロングタップ。「デフォルトカレンダーに設定」をタップしておく。

3 起動時の 初期画面の変更

日／週／月から初期画面を選択しよう。標準では「週」に設定されている

サイドメニューから「設定」→「表示設定」をタップ。「初期画面」で、アプリ起動時に最初に表示するカレンダー形式を変更できる。

4 カレンダー表示形式 の切り替え

例えば10日に指を置いて右へフリックすると、10日の日カレンダーに切り替わる。なお、日／週／月カレンダーで前後の日／週／月に移動するには上下にフリックする

画面内を左右にフリックすると、表示形式を月／週／日カレンダーに切り替えできる。指を置いた日を起点にして、表示する週や日が決定されるので要注意。

5 新規イベントの 作成画面を開く

件名や時間、場所、アラームなどを設定したら右上のチェックマークをタップして予定作成を完了する

上部「＋」アイコンをタップ、または日付をロングタップして時間を選択すれば、新規イベントの作成画面が開く。上部「▼」でメニューを開くと、登録するカレンダーを変更できる。

6 指定日のカレンダー に素早く移動する

上下にフリック

画面右上のオプションメニューボタンから「指定日へ」をタップし、表示されるカレンダーを上下にフリック。日にちをタップし、最後に「OK」をタップすると、指定日のカレンダーへ素早く移動できる。

136
カレンダー

仕事やプライベートなど複数の
カレンダーを使い分ける

用途別に複数の
カレンダーを
作成しておこう

Googleカレンダーで予定の登録先を使い分けたい場合は、あらかじめ「仕事」「プライベート」など、用途別に複数のカレンダーを作成しておこう。仕事の予定は赤、プライベートの予定は青など、作成したカレンダーごとに別の色を設定して、よりわかりやすくスケジュールを確認できるようになる。ただし新しいカレンダーは、アプリから作成することはできない。パソコンで作業するか、ChromeなどのブラウザでWeb版のGoogleカレンダーにアクセスし、「他のカレンダー」横の「＋」ボタンから「新しいカレンダーを作成」で作成しよう。

1 「新しいカレンダーの作成」をタップ

新しいカレンダーを作成

Web版Googleカレンダーの「他のカレンダー」の右にある「＋」をタップして、「新しいカレンダーを作成」を選択

まずChromeでWeb版のGoogleカレンダー（https://calendar.google.com/）にアクセス。画面右上のオプションメニューボタンから「PC版サイト」を選択する。うまく表示されない場合は、モバイル版サイトの画面下部で「デスクトップ」をタップ（No137でも解説）。

2 カレンダー名を入力して作成する

カレンダーを作成

カレンダー名を入力して「カレンダーを作成」をタップ。あらかじめ「仕事」「プライベート」といったカレンダーを作成し、用途別に使い分けよう。

3 カレンダーの色を設定する

カレンダーアプリのサイドメニューから「設定」を開き、作成したカレンダーを選択。「色」をタップして好きな色に変更しておく。なお、カレンダーの色はWeb版でも変更可能だ

カレンダーごとに異なる色で表示されるので、何の種類の予定かひと目で分かる

作成したカレンダーはそれぞれ色を変えておくことで、カレンダーアプリを開いた際に、登録されている予定の種類がひと目で分かるようになる。

137
カレンダー

複数のユーザーで
カレンダーを共有する

家族や友人、同僚
とスケジュールを
共有しよう

Googleカレンダーは、指定したカレンダーを他のユーザーと共有することもできる。例えばプロジェクトの進行管理用カレンダーを作成（No136で解説）して社員で共同管理したり、旅行の予定を友人と相談するといったシーンで便利。カレンダーを共有する際には、予定の編集許可を相手に与えるかどうかも設定できる。閲覧許可のみを与えて、自分だけが編集権限を持つようにも設定可能。なお、カレンダーの共有を設定するには、ChromeなどのWebブラウザでWeb版のGoogleカレンダーにアクセスする必要がある。

1 Web版のGoogleカレンダーへアクセス

ブラウザの「PC版サイトを表示」でうまく切り替わらない場合は、モバイル版画面に戻して画面下部の「デスクトップ」をタップしよう。またカレンダーアプリが開いてしまう場合は、リンクをロングタップして「新しいタブで開く」で開けばよい

デスクトップ

ChromeでWeb版のGoogleカレンダー（https://calendar.google.com/）へアクセス。パソコンのWebブラウザで操作してもよい。

2 カレンダーを選んで共有メニューをタップ

カレンダー名の右スペースをタップするとボタンが表示される

設定と共有

「マイカレンダー」で共有したいカレンダー右の3つのドットボタンをタップ。表示されるメニューで「設定と共有」をタップする。

3 共有するユーザーを指定する

終日の予定の通知

特定のユーザーと共有

共有相手を入力し、権限の設定を行い「送信」をタップ。もちろん相手もGoogleアカウントを持っている必要がある

「特定のユーザーまたはグループと共有する」欄で「ユーザーやグループを追加」をタップし、共有したい相手のメールアドレス（Gmailアドレスでなくてもよい）を入力する。

138

カレンダー

カレンダーの予定を
スプレッドシートで入力する

csv形式のデータで
Googleカレンダーに
まとめて登録

カレンダーアプリで定期的な予定を入力する際は、同じ予定なら繰り返しを設定すればよいが、開始時間や終了時間、場所などが毎回異なる場合はひとつずつ修正する必要があり面倒だ。そんなときは、ExcelやGoogleスプレッドシートなどの表計算ツールで予定をまとめて作成し、csv形式で保存してカレンダーに取り込めばよい。ただしPixelの画面でスプレッドシートを編集するのは厳しいので、パソコンで作業するのが効率的だ。またGoogleカレンダーに正しくインポートするには、右にまとめた書式に沿って入力する必要がある。

1 スプレッドシートで予定を入力する

最初の行に「Subject」と「Start Date」は入力が必須。予定の開始日や終了日は月/日/年の数字で入力しよう

Googleスプレッドシートなどで、右の書式の通り予定を作成しよう。最初の行に「Subject」や「Start Date」などヘッダーを英語で入力し、その下の行に予定内容を入力する。

2 作成した予定をcsv形式で保存する

Googleスプレッドシートでは「ダウンロード」→「カンマ区切り形式（.csv）」で保存。Excelでは「CSV UTF-8（コンマ区切り）」で保存。文字コードはUTF-8にしないと文字化けするので注意しよう

予定を作成したら、ファイル形式を「CSV（カンマ区切り）」にして、適当な場所に保存しておこう。

カレンダー用の入力書式

書式	項目	入力例
Subject	タイトル	出勤
Start Date	予定の開始日	04/30/2023
Start Time	予定の開始時間	10:00 AM
End Date	予定の終了日	04/30/2023
End Time	予定の終了時間	3:00 PM
All Day Event	終日	「True」（終日）か「False」（終日でない）を入力
Location	予定の場所	四谷三栄町12-4
Private	限定公開	「True」（限定公開）か「False」（限定公開でない）を入力
Description	メモ	予定についてのメモを入力

※ Subject と Start Date の入力は必須

3 Googleカレンダーでcsvファイルを読み込む

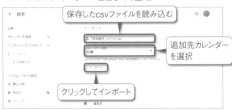

保存したcsvファイルを読み込む

追加先カレンダーを選択

クリックしてインポート

Googleカレンダーにアクセスして歯車ボタンから設定を開き、左メニューの「インポート／エクスポート」で作成したcsvファイルをインポートするとカレンダーに反映される。

139

カレンダー

予定が近づいたらメール
で知らせるようにする

時間をずらした
複数のメール
通知も設定可能

Googleカレンダーの予定は、指定した時間前に画面上部のバナーや通知パネルで知らせることができるが、メールで知らせるよう設定することも可能だ。通知を設定したい予定をタップし、続けて鉛筆ボタンをタップして編集画面を開く。さらに通知設定欄の「通知を追加」→「カスタム」をタップ。カスタム通知設定画面で通知の時間を選択し、通知方法に「メール」を選べばOK。「通知を追加」で、時間をずらした複数の通知を設定しておくこともできる。

1 予定の編集画面で通知を追加

「Googleカレンダー」アプリで予定をタップ後、続けて鉛筆ボタンをタップして編集画面を開く。「通知を追加」で「カスタム」→「メール」にチェックを入れる。

2 メール受信のタイミングを設定

同じ画面の上部でメール受信のタイミングを設定できる。○分前／○時間前／○日前／○週間前を設定し、最後に「完了」をタップしよう。

3 予定の通知がメールで届く

このようなメールで通知してくれる

設定したタイミングで、カレンダーでログインしているGoogleアカウントのGmailアドレスへメールが届く。件名に予定の詳細が記載されておりわかりやすい。

Geminiで文章の作成や要約を行う

自然な文章や簡潔なまとめを作成してくれる

Gemini(No001で解説)を利用すれば、指定した内容で文章を作成することも、長文のニュースや議事録を要約することも簡単だ。文章を作成する際は、どのような文章を書いてほしいか、プロンプトを明確にしよう。できるだけ具体的なキーワードと盛り込みたい内容を指示に加え、必要に応じて文章の文字数や対象とする読者なども指定するとよい。また文章を要約する際は、記事を貼り付けて「以下の内容を要約してください」と指示するだけでもよいが、文字数を指定したり箇条書きにすると、より簡潔に分かりやすく出力できる。

1 Geminiで文章を作成する

「あなたはプロのライターです。GeminiとChatGPTの違いについて、メリットとデメリットを併記して、1000字程度の記事を作成してください」と指示すると、GeminiとChatGPTの機能や情報量、ユーザーインターフェイスなどについて比較した記事を作成してくれる

Geminiで文章を作成する時は、どのような立場で、何について書いてほしいか明確な指示を与えることが重要。メリットとデメリットを併記してほしいなど、内容の補足も加えよう。

2 追加のプロンプトで文章を洗練させる

「小学生でも理解できるような文章に修正してください」とプロンプトを追加すると、内容を噛み砕いて子供が読みやすい文章に変換された

これだけでも文章の下地としては十分だが、文章の表現をもう少し柔らかくしたい場合や、盛り込んでほしい内容がある場合は、プロンプトを追加して文章を整理しよう。

3 長文のニュースや記事を要約する

「以下の文章を箇条書きで要約してください」と入力して新製品のリリースなどを貼り付けると、特徴や機能の概要をざっと把握できる

長文記事の内容をざっと把握したいなら、「次の文章を要約してください」と指示して、記事内容を貼り付ければよい。「箇条書きで要約して」と伝えると、より簡潔に表示される。

141

生成AI

手書きのメモをGeminiでデータ化する

認識精度が高く表も出力できるウェブアプリを使おう

Geminiでは、手書きメモを読み取ってテキスト化し内容を分析することが可能だ。また分析結果から見えてくる課題や、今後の改善案なども提案してくれる。さらに、読み取った内容からそのまま表を作成することもできる。ただし、Geminiモバイルアプリだと手書きメモの認識精度が甘く、表を作成した際も表部分だけを選択して保存できない。ChromeでGeminiウェブアプリ(https://gemini.google.com/)にアクセスして使えば、手書きメモの読み取り精度がアップし、作成した表をGoogleスプレッドシートに出力できる。

1 手書きメモを撮影する

カメラボタンで撮影するか、画像ボタンで撮影済みの写真から選択

ChromeでGeminiウェブアプリ(https://gemini.google.com/)にアクセスし、カメラボタンをタップして手書きメモを撮影するか、画像ボタンをタップして撮影済みの写真を選択しよう。

2 メモの内容を分析する

「このメモの内容を教えて下さい」とプロンプトを入力する

手書きメモの写真が挿入された状態で「このメモの内容を教えて下さい」などと指示すると、メモに書かれた内容の詳細な分析結果や、読み取れる傾向、課題、改善案などを提案してくれる。

3 メモの内容を表にして出力

タップしてGoogleスプレッドシートに出力。Googleスプレッドシートの表はExcel形式に変換して保存できるので、Excelで開いて利用することもできる

メモの内容がデータなどであれば、「この内容を表にしてください」と指示して表を作成することも可能だ。作成された表は、下部のボタンでGoogleスプレッドシートに出力して保存できる。

Geminiで表の内容を解析する

Gemini Advancedならファイルの内容を分析できる

Geminiでは、表や文書ファイルをアップロードして内容を分析することもできる。ただし無料版のGeminiでは機能を使えず、月額2,900円のGoogle One AIプレミアムプランに加入して「Gemini Advanced」にアップグレードしておく必要がある。またファイルのアップロードもGeminiモバイルアプリからは行えず、Geminiウェブアプリ（https://gemini.google.com/）を利用する必要がある。プロンプトの入力欄に追加された「＋」ボタンをタップし、デバイス内やGoogleドライブからファイルをアップロードして分析しよう。

1 Gemini Advanced にアップグレード

ChromeでGeminiウェブアプリ（https://gemini.google.com/）にアクセスしたら、サイドメニューを開いて「Gemini Advancedを試す」をタップし、アップグレードを済ませておく。

2 表などのファイルをアップロードする

プロンプトの入力欄に追加された「＋」ボタンをタップし、デバイス内やGoogleドライブからファイルを選択。「このデータを分析してください」などと指示してアップロードしよう。

3 ファイルの内容が解析される

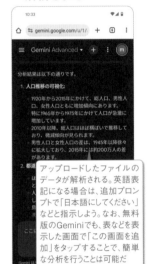

アップロードしたファイルのデータが解析される。英語表記になる場合は、追加プロンプトで「日本語にしてください」などと指示しよう。なお、無料版のGeminiでも、表などを表示した画面で「この画面を追加」をタップすることで、簡単な分析を行うことは可能だ

ファイルに含まれるデータを解析し、分析結果をまとめて表示してくれる。続けて「これをグラフにしてください」などと指示すれば、解析したデータからグラフを作成することもできる。

Google PixelをパソコンのWebカメラにする

オンライン会議でPixelの高画質なカメラが使える

コロナ禍よりオンライン会議の機会が増えたが、デスクトップPCだとWebカメラが付いていないことが多く別途用意する必要がある。またノートPCの場合も内蔵のWebカメラだと画質が低めだ。しかしPixelがあれば、高画質なPixelのカメラをパソコンのWebカメラにしてオンライン会議に参加できる。まずパソコンとPixelをUSBケーブルで接続したら、通知をタップして、USBの接続設定を「ウェブカメラ」に変更。あとはパソコン側のビデオ通話アプリで設定を開き、Pixelのカメラに切り替えればよい。この機能はWindowsでもMacでも利用可能だ。

1 USBの接続用途をウェブカメラにする

パソコンとPixelをUSBケーブルで接続したら、通知をタップ。USBの設定画面が開くので、USBの接続用途を「ウェブカメラ」に変更しよう。

2 パソコンのカメラをPixelに変更する

Google Meetの場合は、カメラのメニューから「Android Webcam」を選択すれば、PixelのカメラがWebカメラとして使われる

通知で「ウェブカメラ」をタップすると、カメラを前面／背面に切り替えたり、倍率を変更できる。あとはパソコンのビデオ通話アプリで、使用カメラをPixelのカメラに切り替えよう。

POINT

スマホスタンドを用意しておこう

PixelをWebカメラとして使うなら、Pixelを固定しておけるスマホスタンドが必要だ。高さと角度を自由に調整できるタイプを用意しておくと、カメラを自分の顔に合わせやすい。またUSBケーブルで接続しながら使うので、ケーブルの取り回しが邪魔にならない製品を選ぼう。

サンワサプライ
PDA-STN39BK
実税価格／3,800円

マスト!

パソコンとのデータのやりとりに最適なクラウドストレージサービス

クラウドを意識せずにパソコンやスマホでデータを同期できる

Pixelのデータをパソコンで開きたい時や、逆にパソコンのファイルをPixelに転送したい時、いちいちUSBケーブルやWi-Fiで接続して転送するのは手間がかかって面倒だ。そこで活用したいのが、スマホやパソコン、タブレットなど、さまざまな端末内のファイルやフォルダを同期してくれるクラウドストレージサービスだ。

「Dropbox」は、多くのユーザーが使っている代表的なクラウドストレージサービス。アプリをインストールし同じアカウントでサインインすれば、スマホやパソコン、タブレットなど、さまざまな端末でクラウド上のデータを同期でき、いつでもどの端末からでも同じファイルやフォルダを利用できるようになる。パソコンのDropboxフォルダへファイルを入れておけば自動でクラウドへアップロードされ、Pixelからもすぐにそのファイルを利用でき、PixelのファイルをDropboxにアップロードすれば、自動的にパソコンやタブレットのDropboxフォルダに表示され、すぐに利用可能だ。DropboxのクラウドにはWebブラウザからもアクセス可能。いざという時は知人のパソコンからアクセスし、データを利用することもできる。

Dropboxへログインしてクラウドストレージを利用

1 Dropboxへサインインする

保管、編集、共有

タップしてサインインする

登録　ログイン

Dropboxのアカウントを持っていれば、「ログイン」をタップしてサインインしよう。持っていない場合は、GoogleアカウントやApple IDでサインインするか、「登録」から新規アカウントを作成する。

2 カメラアップロードを設定する

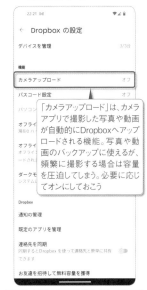

Dropbox の設定

「カメラアップロード」は、カメラアプリで撮影した写真や動画が自動的にDropboxへアップロードされる機能。写真や動画のバックアップに使えるが、頻繁に撮影する場合は容量を圧迫してしまう。必要に応じてオンにしておこう

画面左上の三本線のボタンをタップしてサイドメニューを開き、続けて「設定」をタップ。必要に応じて設定画面で「カメラアップロード」をタップしてオンにしよう。

3 同期されたファイルを操作

下部メニューの「ファイル」画面を開くと、ファイル一覧が表示される。閲覧したいファイルを探してファイル名をタップしよう。ファイル名のロングタップで選択状態になり、各種操作を行える

4 同期されたファイルの閲覧

打ち合わせ

ファイルを他のアプリで開きたいときは、このボタンをタップし、続けて「次で開く」をタップしてアプリを選択

ファイル名をタップすると、ファイル形式に応じて内蔵ビューワや他のアプリでファイルを閲覧できる。テキストや画像、PDF、オフィス文書（Microsoft Officeアプリが必要）は編集することも可能だ。

5 他のアプリのファイルを保存

各アプリの「共有」メニューから「Dropbox」をタップしてファイルをアップロードする

他のアプリからデータをDropboxへ保存する場合は、各アプリの共有メニューから「Dropbox」をタップする。URLリンクなどは、テキストファイルとして保存される。

6 大きなファイルを受け渡す

ファイル名右のオプションメニューボタン（3つのドット）をタップし、「共有」をタップ。「リンクを共有」にチェックしたら、「リンクをコピー」でコピーしたリンクを貼り付けて送信するか、オプションメニューボタンからリンクを送信するアプリを選択しよう。相手はDropbox にログインしなくても、リンクを開いてファイルを閲覧したり保存できる

Dropboxを経由させれば、メールでは送信できない大きなファイルも他のユーザーへ受け渡しできる。相手がDropboxユーザーでなくても大丈夫だ。

145

クラウド

パソコンのデスクトップの
ファイルをPixelから利用する

Googleドライブの
同期機能を
利用しよう

　自宅や会社のパソコンの書類を、Pixelで開いて確認したり途中だった作業を再開したい場合は、Googleドライブの同期機能を利用しよう。パソコン版Googleドライブの設定で、「フォルダを追加」からデスクトップなど自動で同期したいフォルダを選択しておくと、Pixelでも、Googleドライブアプリを使って、いつでもパソコンのデスクトップ上にあるファイルにアクセスできるようになる。WordやExcelファイルは、Googleドキュメントやスプレッドシートアプリがインストール済みならそのまま編集も可能だ。

1 パソコン版Google
ドライブで設定を開く

「パソコン版Googleドライブ」(https://www.google.com/intl/ja_jp/drive/download/)をインストールしたら、タスクトレイから起動して歯車ボタンをクリックし、「設定」をクリック。続けて左メニューで「マイ（ノート）パソコン」を選択し「フォルダを追加」をクリックする。

2 デスクトップを
同期させる

Googleドライブと自動で同期させるパソコン上のフォルダを選択しよう。ここでは「デスクトップ」を選択し、「Googleドライブと同期する」にチェックして「完了」をクリック。これで、パソコンのデスクトップとクラウド上のGoogleドライブが自動で同期する。

3 Pixelから
アクセスする

PixelでGoogleドライブアプリを起動し、下部メニュー「ファイル」画面で、上部のタブを「パソコン」に切り替える。「マイ（ノート）パソコン」をタップすると、自宅や会社のパソコンでデスクトップなどに保存した書類を確認できる。

146

ホワイトボード

複数人で同時に書き込める
ホワイトボードアプリ

同じ画面を見て
情報を視覚的に
共有できる

　会議室のホワイトボードを使って視覚的に共有していた情報は、オンラインミーティングだと伝えるのが意外と難しい。そこで利用したいのが、複数人で同じ画面に書き込めるホワイトボードアプリだ。「Microsoft Whiteboard」なら、手書きだけでなく、テキスト入力やメモの追加、Word文書の挿入なども可能だ。

APP

Microsoft Whiteboard
作者／Microsoft Corporation
価格／無料

1 共有リンクをコピー
して相手に送信する

ホワイトボード画面を開いたら、右上のオプションメニューボタンで「共有」をタップし、「リンクを共有」のスイッチをオン。続けて「リンクのコピー」をタップし、共有したい相手にリンクを送信する。

2 同じホワイトボード
に書き込みできる

共有リンクからアクセスしたすべてのユーザーが、同じ画面に書き込める。ペンツールで手書き入力できるほか、テキストやメモ、画像なども挿入できる。

3 会議内容に合った
テンプレートを使う

下部メニューの「+」ボタンから「テンプレート」をタップすると、利用シーンに合わせて書き込みやすいテンプレートを選択できる。

147

クリップボード

✨マスト！ クリップボードの履歴を残して効率よくコピペする

Gboardならコピーしたテキストや画像の履歴が残る

Pixelの標準キーボードとなっている「Gboard」には、クリップボード機能が用意されている。機能を有効にすると、コピーしたテキストや画像の履歴が残るようになり、キーボード上部のクリップボードボタンから呼び出して、簡単に貼り付けることが可能だ。コピーしたテキストや画像は、1時間後に自動で消去されるが、履歴をロングタップして「固定」をタップすると、時間が経過しても残ったままになる。挨拶文やメールアドレス、住所など、よく利用するテキストは固定して残しておくと、繰り返し利用できて効率的だ。

1 Gboardのクリップボードを有効にする

← クリップボード

📋 複数のテキストや画像をコピーしてさっと貼り付け

Gboardのクリップボードは、複数のテキストや画像を同時にコピーして貼り付けることができます。コピーしたテキストや画像は1時間保持されます。

クリップボードをオンにする

タップ

Gboardのキーボードが表示された状態で、上部メニューのクリップボードボタンをタップ。続けて「クリップボードをオンにする」をタップすると、機能が有効になる。

2 クリップボードの履歴から貼り付ける

キーボード上部のクリップボードボタンをタップ。履歴が表示されるので、貼り付けしたいものをタップする

テキストや画像のコピー履歴がクリップボード画面に残るようになり、履歴をタップすれば貼り付けできる。クリップボードの内容は1時間後に消去される。

3 時間経過で消去されないように固定する

タップして固定。固定した履歴は、ロングタップして「固定を解除」で解除できる

履歴をロングタップして「固定」をタップしておくと、1時間が経過しても消去されない。挨拶文やメールアドレス、住所など、繰り返し使いたい履歴は固定しておこう。

148

録音

リアルタイム文字起こしが可能なレコーダーアプリ

会議や授業を録音して自動でテキスト変換

単に音声を録音するだけでなく、録音した内容をリアルタイムで文字起こししてくれる便利なアプリが、Pixel標準の「レコーダー」だ。会議の議事録や打ち合わせ、授業の記録、日々のちょっとした音声メモの管理など、さまざまなシーンで活用しよう。文字起こしされたテキストを確認するには、録音したファイルを開いて「文字起こし」をタップすればよい。テキストをタップすると聞き直したい箇所から音声を再生できるほか、テキストのコピーや検索、修正なども可能だ。また録音ファイルのカット編集も行える。

1 録音の開始と保存

録音中でも「文字起こし」をタップすればリアルタイムで文字起こしされたテキストを確認できる

録音の開始と一時停止

● 01:00.4　録音を終了して保存

レコーダーを起動して、下部中央の録音ボタンをタップすると録音開始。もう一度タップすると一時停止ができ、右下の「保存」をタップすると音声ファイルとして保存できる。

2 文字起こしされたテキストを確認

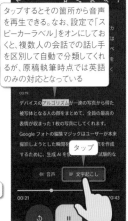

タップするとその箇所から音声を再生できる。なお、設定で「スピーカーラベル」をオンにしておくと、複数人の会話での話し手を区別して自動で分類してくれるが、原稿執筆時点では英語のみの対応となっている

録音したファイルを開いて「文字起こし」をタップすると、自動で文字起こしされたテキストが表示される。文章を選択してコピーしたり、誤認識された文字は選択して「語句の編集」で修正できる。

3 録音ファイルを編集する

選択した範囲を切り抜いて残したり削除できる

会話内容を確認しながらカット編集したい時は、「文字起こし」をタップしよう。テキストをロングタップして選択することで音声の範囲選択を行える

録音ファイルを開いて上部のハサミボタンをタップすると、編集モードになる。不要な範囲を選択して「削除」で削除したり、必要な部分だけ選択して「切り抜き」で選択部分だけ残せる。

149 印刷

外出先のコンビニで書類をプリントアウト

家にプリンタがなかったり、外出先で書類を印刷する必要に迫られた時に便利なのが、Pixelからファイルをアップロードしてコンビニのマルチコピー機で印刷できる、ネットプリントサービスだ。「かんたんnetprint」は、全国のセブンイレブンで印刷できるアプリ。会員登録なども一切不要で、PDFや写真、オフィス文書などの書類を、最大A3サイズの普通紙やはがき、フォト用紙にプリントできる。なお、近くにセブンイレブンがない場合は、ファミリーマート／ローソン／ポプラで印刷できる「PrintSmash」アプリを利用しよう。

APP

かんたんnetprint
作者／FUJIFILM Business Innovation Corp.
価格／無料

右下の「＋」から印刷したい写真や書類を選び、用紙サイズやカラーモードを選択したら、「登録」をタップ

「QRコードを表示」をタップし、QRコードをセブンイレブンのマルチコピー機にかざせば印刷できる

150 文書作成

マスト！

長文入力に最適の軽快テキストエディタ

Pixelで文章をガッツリ書きたい時にオススメのテキストエディタ。非常に細かいカスタマイズが可能で、レスポンスも良く快適に長文入力ができる。文字コードを変更できるので、文字化けしたテキストを開く際にも利用したい。

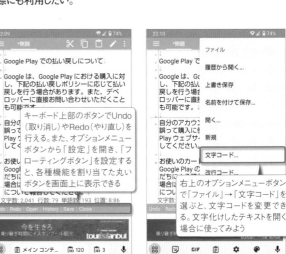

APP

Jota+
作者／Aquamarine Networks.
価格／無料

キーボード上部のボタンでUndo（取り消し）やRedo（やり直し）を行える。また、オプションメニューボタンから「設定」を開き、「フローティングボタン」を設定すると、各種機能を割り当てた丸いボタンを画面上に表示できる

右上のオプションメニューボタンで「ファイル」→「文字コード」を選ぶと、文字コードを変更できる。文字化けしたテキストを開く場合に使ってみよう

151 文書作成

マルチウィンドウで文章を効率的に編集する

No012で解説したマルチウィンドウ機能で画面を分割すると、テキストのコピー＆ペーストも簡単に行える。長文を効率的に編集したいときに利用しよう。まず、片方の画面でテキストをコピーしたいアプリを開き、もう片方にはテキストを貼り付けたいアプリを開いておく。テキストを選択してロングタップすると、テキストが少し浮いた状態になるので、もう片方の画面のテキスト入力欄までドラッグしよう。これだけでペーストできる。いちいちテキストを選択してメニューからコピーをタップし、別のアプリに貼り付けるよりも手軽なのでぜひ活用しよう。

片方にテキストのコピー元となるアプリ、もう片方にテキストを貼り付けたいアプリを開き、まずコピーしたいテキストを選択してロングタップする

テキストが浮いた状態になったら、そのままもう片方のアプリの画面内にドラッグ＆ドロップするだけで、テキストを貼り付けできる。ただしGmailのメール作成画面ではファイルの添付画面になってしまうなど、アプリによっては貼り付けできないものもある

152 Gmail

Gmailの情報保護モードを利用する

個人情報や仕事上の機密情報はあまりメールに記載すべきではないが、どうしてもメールで相手に伝える必要がある場合は、Gmailアプリで「情報保護モード」を設定してから送信しよう。メールの表示期限を1日後や1週間後に設定すれば、受け取った相手はその表示期限を過ぎるとメール内容を表示できなくなる。また情報保護モードで送られたメールは、転送やダウンロード、コピーも禁止される。相手がメールを表示するのにSMS認証を要求したり、期限を待たずに強制的にメールを読めなくすることも可能だ。

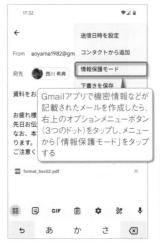

Gmailアプリで機密情報などが記載されたメールを作成したら、右上のオプションメニューボタン（3つのドット）をタップし、メニューから「情報保護モード」をタップする

「有効期限の設定」でメールの表示期限を設定して送信しよう。「パスコードの選択」欄で「標準」から「SMSパスコード」に変更すると、相手にはSMSで届いたパスコードの入力を要求する。また情報保護モードで送信したメールを開いて「アクセス権を取り消す」をタップすれば、相手はすぐにメールが読めなくなる

153

文書作成

文章を縦書きで入力する

Pixelで小説やシナリオを執筆するのに最適な、縦書き対応のテキストエディタが「TATEditor」だ。漢字にルビを振ったり強調したい部分に傍点を付けられるほか、PDF形式での出力や文字数カウント、行番号表示など多彩な機能を備える。

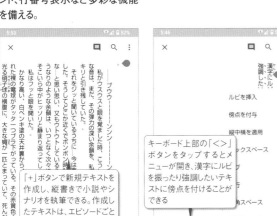

「+」ボタンで新規テキストを作成し、縦書きで小説やシナリオを執筆できる。作成したテキストは、エピソードごとにプロジェクト単位でまとめて管理できる

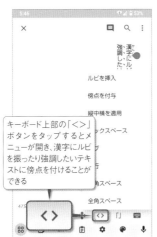

キーボード上部の「<>」ボタンをタップするとメニューが開き、漢字にルビを振ったり強調したいテキストに傍点を付けることができる

154

文書作成

パソコンとも同期できる定番ノートアプリ

Pixelとパソコンで同じメモを利用したい時は、Microsoftの定番ノートアプリ「OneNote」が使いやすい。作成したノートはOneDriveで同期され、デバイスを選ばず利用可能だ。また手書き入力にも対応するほか、画像や音声なども挿入できる。

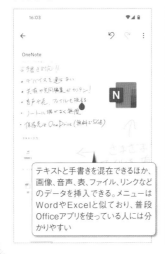

テキストと手書きを混在できるほか、画像、音声、表、ファイル、リンクなどのデータを挿入できる。メニューはWordやExcelと似ており、普段Officeアプリを使っている人には分かりやすい

作成したノートはOneDriveに保存され、パソコン版のOneNoteアプリでも同じメモを編集できる。ページサイズに制限がなく自由にレイアウトできるので、企画のアイデアを書き留めたり、調べた情報を貼り付けてまとめる使い方に向いている

155

電卓

さまざまな計算を柔軟に行える電卓アプリ

メモの挿入や計算結果の利用など便利な機能が満載

メモ帳と電卓が融合した電卓アプリ。メモ帳タイプのインターフェイスに計算式を入力すると、自動で計算結果が表示される。計算式は同時にいくつも入力でき、全計算式の結果の合計も表示される。文字でメモを加えることも可能だ。計算式の途中を編集したり、計算式の結果を別の計算式に利用するなど、極めて柔軟な処理を行える。

1 複数の計算式を入力していく

このように計算式内に文字を混在させることも可能。ただし、計算式の行内に全角の記号を入力すると計算結果が表示されないなど、NGな書式もあるので注意しよう。また、結果の数値をタップすると、税込や税別の数値もすぐに確認できる

メモ帳のような画面に計算式を入力。「ABC」ボタンで文字入力、「123」ボタンで計算式に切り替える。各計算式の結果と、全計算式の合計も瞬時に表示される。

2 計算式の結果を別の計算式で利用

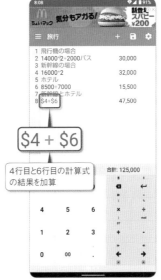

$4 + $6

4行目と6行目の計算式の結果を加算

各計算式の赤い行番号をタップすると、その計算式の結果を別の計算式内で再利用できる。また、計算式にカーソルを合わせれば、文章のように再編集可能だ。

3 計算した内容を保存する

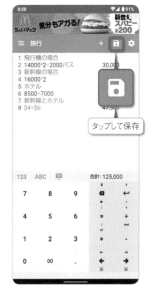

タップして保存

画面右上の保存ボタンをタップすると、計算内容（メモのページ全体）に名前を付けて保存できる。「+」をタップすると、新規ファイルを作成。

156

ドキュメント共有

複数のメンバーで
書類を共同編集したい

Googleドライブで作成したファイルは共同編集できる

標準インストールされている「Googleドライブ」は、Googleのクラウドストレージを利用するためのアプリだが、オンラインオフィスとしての機能も備えている。Microsoft Officeと互換性のある独自形式のドキュメント文書やスプレッドシートを作成して、他のユーザーと簡単に共同編集できるので、ビジネスシーンなどに活用しよう。なお、ファイルの編集には「ドキュメント」「スプレッドシート」などのアプリを使うので、標準インストールされていない場合は別途Playストアから入手する必要がある。

1 ファイルの共有をタップ

Googleドライブで作成したドキュメント文書やスプレッドシートを共同編集するには、まずファイル名右のオプションメニューボタン（3つのドット）から「共有」をタップする。

2 共有したい相手に招待メールを送る

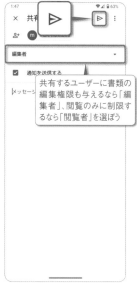

共有するユーザーに書類の編集権限も与えるなら「編集者」、閲覧のみに制限するなら「閲覧者」を選ぼう

共有したいユーザーのメールアドレスとメッセージを入力し、送信ボタンをタップ。「編集者」をタップすると、編集権限の変更も行える。

3 ファイルのリンクを共有する

「アクセス管理」画面で「一般的なアクセス」の「変更」をタップ。「制限付き」ではなく「リンクを知っている全員」に変更して、編集権限の有無などを設定する。右上のリンクボタンをタップすると、共有リンクがコピーされる

リンクを知っている全員とファイルを共有するには、オプションメニューから「アクセス管理」→「変更」をタップし「リンクを知っている全員」に変更。コピーしたリンクを伝えればよい。

157

PDF

マスト！

PDFファイルのページを
整理、編集する

Acrobatでは有料の機能を無料で使える

PDFファイルのページを操作したい場合は、この「Xodo PDFリーダー＆エディター」を利用しよう。ページの追加や削除はもちろん、移動や抽出、別のPDFファイルの挿入などを無料で行うことができる。サイズの重いファイルもスムーズに扱うことが可能だ。仕事でPDFの書類を多用するユーザーは、ぜひ試してみよう。

APP

Xodo PDFリーダー＆エディター
作者／Apryse Software Inc.
価格／無料

1 まずはページの一覧を表示する

このボタンをタップ

PDFファイルを開いたら、画面をタップし、下部に表示されるボタンでページ一覧を表示しよう。一覧画面で各種ページの操作を行える。

2 ページの削除や複製、抽出を行う

オプションメニューボタンから、選択ページの複製や抽出も行える

ページをロングタップして選択。1ページ選択状態になれば、他のページはタップして複数選択していける。画面上部のゴミ箱ボタンで削除可能。

3 ページの配置変更や別PDFの挿入

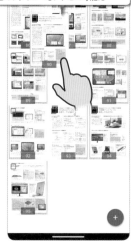

ドラッグして位置を変更。別ドキュメント追加時は、サイドメニューでDropboxなどのファイルへもアクセス可能だ

移動したいページをドラッグすれば、位置を変更可能。また、画面下部の「＋」→「別ドキュメントの追加」で、別のPDFを選択し、挿入できる。

設定と
カスタマイズ

ハイスペックで自由度の高いPixelは、
自分仕様にカスタマイズすることで、
飛躍的に操作性がアップする。
各種設定を見直すと共に先進的なアプリを導入し、
スペシャルな端末にセットアップしよう。

158

ホーム画面

マスト!

ホーム画面を好みのデザインに カスタマイズしよう

見た目も操作性も ガラッと変えられる ホームアプリ

Pixel端末のホーム画面は、「ホームアプリ」をインストールすることで、デザインを自由に変更できる。特にカスタマイズ性の高さと豊富な機能で人気のホームアプリが「Nova Launcher」だ。アプリのアイコンのデザインやアプリ配置可能数、エフェクトなど、さまざまな設定を変更して、自分好みのホーム画面に仕上げよう。

APP

Nova Launcher ホーム
作者／Nova Launcher
価格／無料

1 Nova Launcherを 標準ホームアプリに

アプリを起動すると初期レイアウトを設定できる。設定を済ませたら、Pixel本体の「設定」→「アプリ」→「デフォルトのアプリ」→「ホームアプリ」で、ホームアプリとして「Nova Launcher」を選択すると、標準のホーム画面がNova Launcherになる

アプリを起動して設定を済ませ、続けてPixel本体の「設定」→「アプリ」→「デフォルトのアプリ」→「ホームアプリ」から、ホームアプリをNova Launcherにしておこう。

2 アプリの表示数や レイアウトを変更

ホーム画面の空いた場所をロングタップし、「設定」をタップ。ホーム画面やドックのアプリ表示数、アイコンのレイアウト、スクロール効果などを変更していこう。

3 自分好みのホーム 画面にカスタマイズ

有料版を購入すれば、ジェスチャーなども設定できるようになる。また、Nova Launcherに対応するアイコンパックやテーマを追加インストールすれば、更に自由度の高いカスタマイズが可能だ

159

ウィジェット

柔軟にカスタマイズできる ウィジェットを利用する

自分で工夫して ウィジェットを 作成できる

Pixelでは、時計や天気予報、カレンダー、ニュースなど、さまざまな情報を表示できるパネル状のツール、「ウィジェット」をホーム画面に配置できるが、たいていデザインが決まっており自由度も低い。カスタマイズ性の高い「KWGT Kustom Widget Maker」を使って、オリジナリティ溢れるホーム画面を構築しよう。

APP

KWGT Kustom Widget Maker
作者／Kustom Industries
価格／無料

1 好きなサイズの ウィジェットを配置

ホーム画面をロングタップして「ウィジェット」をタップ。「Kustom Widget」の好きなサイズのウィジェットを選び、ホーム画面に配置しよう。

2 プリセットから ウィジェットを選択

配置した空ウィジェットをタップし、プリセットから好きなウィジェットを選ぼう。または、「作成する」ボタンから自分で新規ウィジェットを作成することもできる。

3 ウィジェットを 細かく編集する

テキストや図形を自由に編集し、保存ボタンをタップすれば配置される。かなり自由度が高いので、まずはプリセットをベースにして編集方法を覚えよう。

160
アイコン
ホーム画面を アイコンパックで カスタマイズ

ホーム画面のアイコンデザインを変えたいなら、「Delta Icon Pack」のようなアイコンパックを使おう。Playストアで「Icon Pack」などをキーワードに検索すれば多数見つかる。ただし、利用にはNova Launcher(No158で解説)のような対応するホームアプリも必要だ。

Delta Icon Pack
作者／Leif Niemczik
価格／無料

あらかじめホームアプリをインストールしておき、「Delta Icon Pack」を起動。「Deltaを適用」で適用するホームアプリを選択する。Pixel標準のホームアプリは非対応

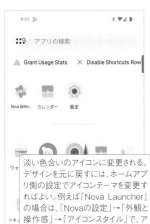

淡い色合いのアイコンに変更される。デザインを元に戻すには、ホームアプリ側の設定でアイコンテーマを変更すればよい。例えば「Nova Launcher」の場合は、「Novaの設定」→「外観と操作感」→「アイコンスタイル」で、アイコンテーマを「Delta」から「システム」に変更すればOK

161
ホーム画面
ホーム画面も 横向きで 利用したい

Pixelは本体を横向きにすると、アプリの画面も回転して横向き表示で使えるようになっているが、ホーム画面は基本的に横向き表示にならない。しかし設定を変更することで、ホーム画面も横向きにして利用できるようになる。まずホーム画面の空いたスペースをロング

タップして、「ホームの設定」をタップしよう。続けて「ホーム画面の回転を許可」をオンにすると、本体を横向きにした時にホーム画面も回転するようになる。自動回転がオフの状態でも回転させることが可能だ(No010で解説)。

ホーム画面の空いたスペースをロングタップして、「ホームの設定」をタップする

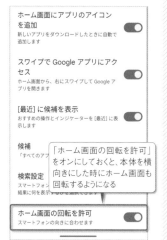

「ホーム画面の回転を許可」をオンにしておくと、本体を横向きにした時にホーム画面も回転するようになる

162
ホーム画面
ホーム画面の アプリ配置数 を変更する

Pixelのホーム画面で縦横にいくつまでアプリを配置できるかは決まっているが、この数は設定で変更することもできる。ホーム画面の空いたスペースをロングタップし、「壁紙とスタイル」→「アプリグリッド」をタップ。3×3や5×5などのグリッド数から選択しよう。表示数を増やす

ことで、ウィジェットで使用できる枠も広げることが可能だ。なおNova Launcher(No158で解説)などのホームアプリを使えば、さらに表示数を増やして、ホーム画面に大量のアプリやウィジェットを配置することもできる。

ホーム画面の空いた場所をロングタップし、「壁紙とスタイル」→「アプリグリッド」をタップする

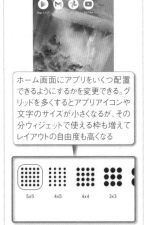

ホーム画面にアプリをいくつ配置できるようにするかを変更できる。グリッドを多くするとアプリアイコンや文字のサイズが小さくなるが、その分ウィジェットで使える枠も増えてレイアウトの自由度も高くなる

163
通知
わずらわしい アプリの通知表示を 個別にオフ

アプリの通知は便利な機能だが、頻繁に通知が発生するアプリを放っておくと、ステータスバーに表示が大量に並び、いちいち消去するのが面倒になる。通知が不要なアプリは機能をオフにしてしまった方がいいだろう。通知をオフにするには、「設定」を開いて「アプリ」で

アプリをすべて表示し、該当するアプリの詳細を開く。続けて「通知」をタップし、一番上のスイッチをオフにすると、通知表示をすべて無効にできる。アプリの設定メニューに詳細な通知設定が用意されている場合もあるので、チェックしておこう。

「設定」→「アプリ」画面からアプリを選んでタップ。続けて「通知」をタップする

一番上のスイッチをオフにすれば、そのアプリの通知機能を全てオフにできる

164 通知
ロック中は通知を表示しないようにする

メールやメッセージをはじめ、各種アプリの通知はロック画面でも確認できる。便利な反面、誰でも見ることができるロック画面にプライバシーや趣味嗜好に関わる情報が表示されるのが困る人もいるだろう。そんな時は、ロック画面に通知が表示されないよう「設定」→

「ディスプレイ」→「ロック画面」→「プライバシー」で「通知を一切表示しない」を選ぼう。また、メールの件名やメッセージの内容など、プライバシーに関わる情報のみ表示したくない場合は、「機密性の高いコンテンツはロック解除時にのみ表示されます」を選択しよう。

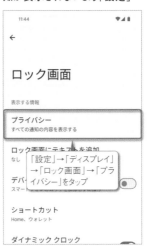

「設定」→「ディスプレイ」
→「ロック画面」→「プライバシー」をタップ

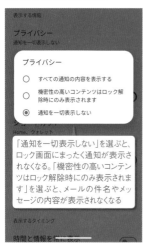

「通知を一切表示しない」を選ぶと、ロック画面にまったく通知が表示されなくなる。「機密性の高いコンテンツはロック解除時にのみ表示されます」を選ぶと、メールの件名やメッセージの内容が表示されなくなる

165 通知
通知音のサウンドを変更する

アプリの通知が届いた際に鳴る通知音は、「設定」→「音とバイブレーション」→「デフォルトの通知音」をタップすれば、内蔵の通知音から好きなものに変更できる。「マイサウンド」→「＋」で端末内やGoogleドライブにある通知音に変更したり、通知音を「なし」にするこ

とも可能だ。なお、ここで変更した通知音はすべてのアプリに適用されるが、「設定」→「アプリ」でアプリを選択し、「通知」をタップしてベルマークが表示された項目をタップすると、それぞれのアプリで個別に通知音を変更することもできる。

「設定」→「音とバイブレーション」→「デフォルトの通知音」をタップすると、全体の通知音を好きなものに変更できる

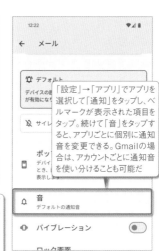

「設定」→「アプリ」でアプリを選択して「通知」をタップし、ベルマークが表示された項目をタップ。続けて「音」をタップすると、アプリごとに個別に通知音を変更できる。Gmailの場合は、アカウントごとに通知音を使い分けることも可能だ

166 通知
通知があっても画面を点灯しないようにする

スリープ中に通知が届くと、標準では画面が点灯して知らせてくれる。仕事中などで着信音をオフにしていても、見える範囲にPixelを置いておけば、新しい通知が届いた際に画面がオンになって分かりやすい。ただ、毎日通知が大量に届くようだと、画面が頻繁に点灯して

バッテリーの減りが早まってしまう。スリープ中に通知が届いても画面を暗いままにしておきたいなら、設定を変更しておこう。「設定」→「ディスプレイ」→「ロック画面」を開き、「通知で画面をONにする」のスイッチをオフにすればよい。

「設定」→「ディスプレイ」→「ロック画面」をタップ

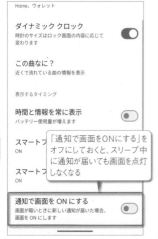

「通知で画面をONにする」をオフにしておくと、スリープ中に通知が届いても画面を点灯しなくなる

167 通知
指定した時間に自動でサイレントモードにする

Pixelには、通知をオフにする「サイレントモード」機能が搭載されているが、指定した時間帯などの条件に従って自動で機能を有効にすることもできる。平日の夜はアラーム以外の通知音やバイブレーションを鳴らさないようにするなど、あらかじめいくつか作成済みのスケ

ジュールが用意されているので、開始時間や終了時間を編集すればすぐに利用可能だ。スケジュールは「追加」で自由に作成できるほか、サイレントモード中でも通知を動作させる電話やメッセージの相手を選択するなど、柔軟な設定も行える。

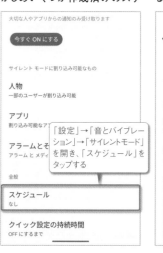

「設定」→「音とバイブレーション」→「サイレントモード」を開き、「スケジュール」をタップする

あらかじめ用意されたスケジュールをタップすると、曜日や開始／終了時間を変更できる。スイッチをオンにするとそのスケジュールが有効になる。自分でスケジュールを作成するには「追加」をタップしよう

168 ジェスチャー

背面をタップして各種機能を利用する

Pixelには、本体の背面をトントンッと2回タップするだけで、特定の機能を実行できる「クイックタップ」が搭載されている。「設定」→「システム」→「ジェスチャー」→「クイックタップでアクションを開始」で「クイックタップの使用」をオンにし、クイックタップで実行するアクションを選択しよう。スクリーンショットの撮影や、メディアの再生、通知の表示といった機能を割り当て可能だ。特定のアプリを起動するには、「アプリを開く」を選択して歯車ボタンをタップ。インストール済みアプリの一覧から選択すればよい。

「設定」→「システム」→「ジェスチャー」→「クイックタップでアクションを開始」を開き、「クイックタップの使用」をオンにする。その後、「スクリーンショットを撮る」や「メディアを再生または一時停止」などのアクションを選択しよう。「アプリを開く」を選択して、歯車ボタンからクイックタップで起動するアプリを選択することもできる

本体の背面を2回トントンッとタップすることで、設定したアクションを実行できる

169 Wi-Fi　マスト！

Wi-Fiの速度が遅いときの確認ポイント

適切なWi-Fiルータを使っているのに、通信速度が遅いと感じるなら、接続している周波数帯を確認しよう。Wi-Fiには、「2.4GHz」と「5GHz」の2つの周波数帯がある。2.4GHz帯は、障害物に強く遠くまで電波が届くが、電子レンジなど家電の電波と干渉して速度が低下しやすい。5GHz帯は、他の家電と干渉せず安定して高速な通信が可能だが、障害物に弱く壁などがあると電波が届きにくい。基本的には5GHzに接続したほうが高速に通信できるが、障害物が多い環境なら2.4GHzに接続してみよう。

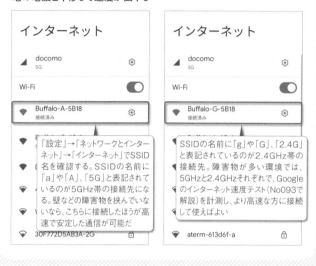

「設定」→「ネットワークとインターネット」→「インターネット」でSSID名を確認する。SSIDの名前に「a」や「A」、「5G」と表記されているのが5GHz帯の接続先になる。壁などの障害物を挟んでいないなら、こちらに接続したほうが高速で安定した通信が可能だ

SSIDの名前に「g」や「G」、「2.4G」と表記されているのが2.4GHz帯の接続先。障害物が多い環境では、5GHzと2.4GHzそれぞれで、Googleのインターネット速度テスト（No093で解説）を計測し、より高速な方に接続して使えばよい

170 通信

基本料0円のプランをサブ回線として契約しておく

通信障害などの備えに最適な通信プラン

KDDIのオンライン専用プラン「povo2.0」は基本料金0円で契約でき無料で回線を持てるので、eSIM（物理的なSIMカードなしで通信契約できる機能）でサブ回線として契約しておくのがおすすめだ。メイン回線（KDDI以外）で通信障害が発生してもサブ回線で通信できるほか、もうひとつ別の電話番号としてSMS認証などに利用することもできる。

APP

povo2.0
作者／KDDI株式会社
価格／無料

1 povo2.0をeSIMで契約する

eSIMを選択して契約する

povo2.0アプリを起動したら、「初めての方はこちら」をタップしてプランを選択。SIMタイプは「eSIM」を選択して契約を進めよう。

2 デュアルSIMの設定を確認する

タップしてSIMを選択し、「モバイルデータ」をオンにした方でモバイルデータ通信を行う。また「通話の設定」と「SMSの設定」で、どちらのSIMを優先するか毎回確認するかを選択できる

「設定」→「ネットワークとインターネット」→「SIM」で、モバイル通信や通話、SMSでどちらのSIMを使うか設定できる。普段はpovo2.0の回線を使わないならオフにしておくことも可能だ。

POINT

povo2.0の回線を維持する条件

180日に一度は有料トッピングを購入しておけば回線を維持できる

povo2.0は基本料金0円で回線を契約でき、データ通信の容量を購入しなくても128kbpsで低速通信できるが、180日間以上課金がないと利用停止になる場合がある。具体的には180日に一度は有料トッピング（最安で330円）を購入するか、180日間で通話やSMSの合計金額が660円を超えていればよい。

171

通信量節約

通信量が増えがちな NG操作を覚えておこう

マスト!

アプリの操作に よっても通信量は 増えてしまう

普段何気なく行っているアプリの操作でも、少し気を付ければ毎月のデータ通信量は大きく節約できる。通信量が増大する操作の筆頭といえばYouTubeの動画視聴だが、モバイル通信時でもなるべく高画質で再生してしまうので、Wi-Fi接続時以外は低画質で再生する設定にしておきたい。HD画質の動画をSD画質で再生するだけで通信量を半分くらいに抑えることが可能だ。その他、Googleマップの拡大縮小操作や、X（旧Twitter）の動画や画像に関する操作などもデータ通信量を増やす要因なので注意しよう。

1 YouTubeの HD画質での再生

YoutTubeアプリで下部メニューの「マイページ」画面を開き、右上の歯車ボタンをタップ。「データの節約」→「データ節約モード」をオンにしておけば、モバイル通信時は低画質で再生するほか、いくつかのモバイル通信節約機能がまとめて有効になる

YouTubeは標準の設定だと、なるべく高画質で動画を再生するため、膨大なデータ量が消費される。モバイル通信時は低画質で動画を再生する設定にしておこう。

2 Googleマップの 拡大・縮小

航空写真表示での拡大や縮小操作はデータ通信量が膨大になるので注意しよう

Googleマップは、ナビ機能を使うより拡大や縮小でマップを読み込み直す方がデータ通信が大きい。特に航空写真表示だと通信量も大幅にアップする。

3 X（旧Twitter）の 動画や画像の操作

「データセーバー」をオンにすると、動画の自動再生を無効にし画像も低画質で読み込まれる。その他、画像や動画の読み込みやアップロードに関する各項目で「Wi-Fi接続時」のみを選択すると、モバイルデータ通信量を節約できる。使い勝手とのバランスを考えて設定しよう

X（旧Twitter）のユーザーアイコンをタップし、続けて「設定とプライバシー」→「アクセシビリティ、表示、言語」→「データ利用の設定」をタップ。この画面で、データ量節約の各種設定を行える。

172

通信量確認

通信量を通知パネルや ウィジェットで確認

いつでも素早く データ通信量を 確認できる

今月使用したデータ通信量や残データ量は、通信キャリアのサポートサイトで正確に確認できるが、いちいちアクセスして確認するのは面倒だ。「My Data Manager」をインストールしておけば、通知パネルやウィジェットで、現在のデータ通信量を素早く確認できるので、使い過ぎを防ぐことができる。

1 データ上限や 締め日を設定する

通信キャリアのサポートサイトで、現在までの使用データ量を確認し、この欄に入力しておく

起動したら「データプランを設定またはプランに参加する。」をタップし、データ量の上限や開始日、現在までの使用量を設定しよう。また、設定で使用状況へのアクセスも許可しておく。

2 通知パネルで データ量を確認

My Data Managerがステータスバーに常駐し、通知パネルを開くだけで、すぐに現在の使用データ容量や残り日数を確認できるようになる。

3 ウィジェットで データ量を確認

またウィジェットでも、現在の使用データ容量や残り日数を確認できる。うっかり使い過ぎないように、いつでも目につくホーム画面に配置しておこう。

173

文字入力

手書きに特化した
キーボードを使ってみよう

精度の高い
手書き入力で
さっとメモできる

キーボードを手書き入力に置き換え、ChromeやGmail、メモなどあらゆるアプリで手書きで文字入力できるようになるアプリが「mazec3」だ。変換精度は極めて高く、適当な走り書きでもかなり正確に認識してくれるほか、ひらがな混じりの文字を漢字変換したり、くせ字を正しく変換するよう登録しておくこともできる。

APP
mazec3
作者／MetaMoJi Corp.
価格／980円

1 設定でmazec3を有効にしておく

アプリを起動し「mazec3を使える状態にする」をタップ。キーボード設定の「mazec3手書き変換」をオンにしておこう。

2 キーボードをmazec3に切り替え

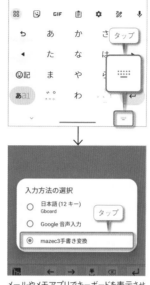

メールやメモアプリでキーボードを表示させたら、右下のキーボードボタンをタップし、「mazec3手書き変換」を選択する。

3 手書きで日本語入力ができる

指やタッチペンで手書き入力を行おう

キーボードがmazec3に切り替わるので、入力欄に手書きで文字を入力していこう。漢字や英字などを混在させても、高い精度で変換してくれる。

174

キーボード

マスト！
キーボードに
常に数字キーを
表示する

標準キーボードのGboardでは、英字入力時などにパソコンと同じQWERTYレイアウトを使用している人もいるだろう。QWERTYレイアウトでは一番上の行を上方向にフリックすることで0〜9の数字を入力できるようになっているが、この操作が面倒なら、キーボードの最上部にもう一列数字キーを足して、常に数字キーを表示させておくのがおすすめだ。キーボードのサイズが増えて文字入力の画面は少し狭くなるが、英字と数字でタップとフリックを使い分ける必要がないので数字の入力ミスは減る。

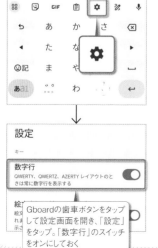

Gboardの歯車ボタンをタップして設定画面を開き、「設定」をタップ。「数字行」のスイッチをオンにしておく

GboardをQWERTYレイアウトに切り替えると、キーボードの一番上にもう一列追加され、常に数字キーが表示されるようになる

175

位置情報

マスト！
位置情報の
利用を適切に
設定する

位置情報を使うアプリを初めて起動すると、「位置情報へのアクセスを許可しますか?」と確認される。この画面では、基本的に「アプリの使用時のみ」を選んでおけばよい。マップで現在地を共有するなど、位置情報を常に取得する必要がある機能を使うと、「「常に許可」に設定してください」といった警告が表示されるので、指示に従って設定を変更する。位置情報へのアクセス権限は、あとからでも「設定」→「アプリ」でアプリを選び、「権限」→「位置情報」をタップすれば自由に変更できる。

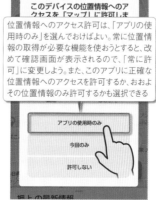

位置情報へのアクセス許可は、「アプリの使用時のみ」を選んでおけばよい。常に位置情報の取得が必要な機能を使おうとすると、改めて確認画面が表示されるので、「常に許可」に変更しよう。また、このアプリに正確な位置情報へのアクセスを許可するか、おおよその位置情報のみ許可するかも選択できる

位置情報へのアクセス権限をあとから変更したり、許可を取り消したい場合は、「設定」→「アプリ」→「○個のアプリをすべて表示」でアプリを選択。「権限」→「位置情報」をタップして選択すれば良い

176

画面設定

一時的に画面の タッチ操作を 無効にする

起動中のアプリの画面を表示したまま、タッチパネルの操作を無効化してくれるアプリ。マップや位置情報ゲームなどの画面を表示したままでも、誤操作することなく安心してポケットに入れられる。近接センサーでの自動ロックなど細かな設定も可能だ。

APP

画面そのままロック
作者／Team Obake Biz
価格／無料

ロックしたいアプリの画面を表示した状態で、通知パネルから「画面そのままロックを開始」をタップ

表示中の画面でロックされ、画面内をタップしても操作できなくなる。解除方法は音量キーを押したり端末をシェイクするなど、複数の手段を設定できる

177

クイック設定

クイック設定 ツールを カスタマイズする

マスト！

画面上部から下へスワイプして表示できるクイック設定ツールには、Wi-FiやBluetooth、機内モードのオン／オフやライトの点灯などをワンタップで行えるタイルが並んでいる。このタイルの内容や配置は自由にカスタマイズ可能だ。まず、クイック設定ツールを表示し、タイ

ル一覧の下にある鉛筆ボタンをタップ。各タイルをドラッグして配置の変更が可能だ。さらに、下のエリアからタイルを追加することもできる。Playストアからインストールしたアプリの機能が、タイルとして用意されている場合もあるので確認しよう。

タイル一覧の下にある鉛筆ボタンをタップする

タイルをロングタップし、ドラッグして配置変更。下のエリアからクイック設定にタイルを追加できる。右上の「リセット」をタップすると、レイアウトをリセット可能だ

178

クイック設定

クイック設定ツールに さまざまな機能を追加する

デフォルトでは 用意されていない 機能も追加できる

No177で解説している通り、クイック設定ツールに表示するタイルは自由に編集できるが、追加可能なタイルは最初から決まっている。もっと他の機能を追加したいなら「Quick Settings」を利用しよう。スリープの無効化や画面分割、アプリのショートカット作成など、デフォルトでは用意されていないタイルを追加できる。

APP

Quick Settings
作者／Simone Sestito
価格／無料

1 追加したいタイル のカテゴリを選択

アプリを起動するとカテゴリが一覧表示される。クイック設定に追加したいタイル(機能)のカテゴリを選択してタップしよう。

2 追加したいタイル を有効化する

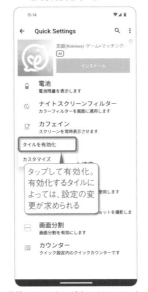

選択したカテゴリで追加できるタイルが一覧表示される。追加したいタイルをタップし、表示されたメニューの「タイルを有効化」をタップする。

3 クイック設定の 編集画面で追加

クイック設定の鉛筆ボタンをタップして編集モードにすると、有効化したタイルが一覧に追加されているはずだ。ドラッグしてクイック設定に追加しよう。

よく使うアプリをスマートに 呼び出す高機能ランチャー

マスト！

アプリやトグルスイッチをすばやく起動できる

Pixelに大量のアプリをインストールしていると、ホーム画面を何度もスワイプしてアプリを探すのも大変だ。そこで、特定のアプリや機能に素早くアクセスできるようになる、サブランチャーアプリの導入をおすすめしたい。よく使うアプリを登録しておいてワンアクションで呼び出したり、画面端からメニューを開いて片手操作でアプリを起動できるようになる。

利用するアプリの数がとにかく多い人は、「Easy Drawer」がおすすめだ。アプリでキーボードを表示させて何かキーを押すと、その頭文字のアプリが一覧表示され、素早く起動できる。日本語アプリはすべて「#」キーにまとめられるのが難点だが、よく使うアプリはお気に入り登録しておける。より自由にカスタマイズしたいなら、「Swiftly Switch」を利用しよう。画面の端から扇形にメニューを開き、素早くアプリを起動したり特定の機能を実行できるサブランチャーアプリで、表示する項目や数、機能などを細かく設定できる。

APP
Easy Drawer
作者／Appthrob
価格／無料

APP
Side bar screen Swiftly Switch
作者／Assistive Tool - Studio
価格／無料

頭文字をタップしてアプリを探せる「LaunchBoard」

1 アプリアイコンをドックに配置する

アイコンをドックに配置しておくとすぐに起動できるので便利。ウィジェットも用意されている

アプリをインストールしたら、アプリアイコンを下部のドックに配置しておくのがおすすめだ。これをタップしてキーボードを表示させよう。

2 アプリの頭文字を入力する

アプリの頭文字をタップ。日本語アプリはすべて「#」キーにまとめられるので注意しよう

表示されるキーボードで、起動したいアプリの頭文字をタップしよう。その頭文字のアプリが一覧表示され、素早く起動できる。

3 よく使うアプリはお気に入りに登録

タップ

検索結果のアプリをロングタップし、「Add to favorites」をタップしておくと、キーボード上部に最初から表示されるようになる。

画面端から扇形にメニューが開く「Swiftly Switch」

1 Swiftly Switchで開く項目を設定

まず「General」タブを開き、「Recent app」「Quick actions」「Grid Favorites」などの項目で、それぞれ表示する数やアプリ、機能を選択しておく

「Edge 1」タブの「モード」でどのメニューを開くかを選択。標準では、扇形の内側に「Recent app」が、外側に「Quick actions」が表示される。なお「Edge 2」や「Edge 3」を有効にするにはPro版が必要だ

初期設定を済ませたら、「General」タブで表示するアプリの数や機能を選択しておく。また「Edge 1」タブの「モード」で、どのメニューを開くかを選択しよう。

2 画面右端から最近使ったアプリを開く

画面右端から指をスライドしてアプリを起動

画面右端に薄く表示されたバーに指を乗せると、扇形にメニューが開き、最近使ったアプリ（Recent app）が一覧表示される。そのまま指を離さずアプリにスライドするとアプリを起動できる。

3 外側のメニューで各種操作を行う

外側のメニューに指をスライドして各種機能を実行する

外側のメニュー（Quick actions）まで指をスライドすると、「Grid Favorites」に登録したお気に入りのアプリや機能を表示できる。また、画面のロックやホーム画面に戻るといった操作も行える。

設定とカスタマイズ

180

アプリ

同じアプリを複数同時利用
できるクローンツール

複製を作成して
同じアプリを
もうひとつ実行する

アプリの複製を作成して、同じ端末上で同じアプリを2つ同時に起動できるようにするアプリが「Clone App」だ。通常は、ひとつの端末でひとつのアカウントしか利用できないDropboxやLINEなどのアプリを複製し、別のアカウントも平行して利用できるようになる。複製できないアプリもあるので注意しよう。

APP

Clone App-Dual App Clone Space
作者／Shenzhen Pengyou Technology co.Ltd
価格／無料

1 アプリを起動して「＋」をタップ

初回起動時はプライバシーポリシーなどに同意を求められるので許可しておこう。メイン画面が表示されたら、右下の「＋」ボタンをタップする。

2 複製したいアプリを追加する

インストール済みのアプリが一覧表示されるので、複製したいアプリを探して、右端の「＋」ボタンをタップしよう。

3 複製したアプリを起動する

タップして別のアカウントでログインすれば、ひとつの端末で複数の同じアプリを同時に利用できる

Clone Appのメイン画面に複製したアプリが表示される。この画面から起動するアプリは、Pixelにインストール済みのアプリとは別のアプリとして動作する。

181

セキュリティ

大事なファイルは
ロックされた
フォルダに保存する

標準でインストールされているファイル管理アプリ「Files」には、PIN（暗証番号）やパターンで保護できる「安全なフォルダ」機能が搭載されている。安全なフォルダ内のファイルは他のアプリから見ることができず、ファイルを開くにはFilesで「安全なフォルダ」にアクセスし、

設定したPINやパターンでロックを解除する必要がある。また安全なフォルダ内はスクリーンショットなども撮影できない。個人情報などが記載されたファイルやプライベートな写真など、見られたくないデータは安全なフォルダに移動させておこう。

Filesアプリを起動したら「コレクション」欄にある「安全なフォルダ」をタップ。「PIN」または「パターン」でパスワードを設定しておく

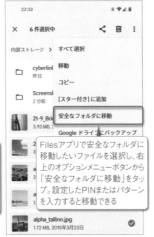

Filesアプリで安全なフォルダに移動したいファイルを選択し、右上のオプションメニューボタンから「安全なフォルダに移動」をタップ。設定したPINまたはパターンを入力すると移動できる

182

通知

特定の場所で
自動でサイレント
モードにする

Pixelでは、職場など指定した場所で自動的にサイレントモードやマナーモードにする「ルール」機能が用意されている。「設定」→「システム」→「ルール」→「ルールの追加」で、場所と動作を選択してルールを追加しよう。似た設定がいくつか用意されているが、「デバイスをサ

イレントに設定」は着信音もバイブ音も鳴らないマナーモード、「デバイスをバイブレーションに設定」は着信音が鳴らずバイブ音のみ鳴るマナーモードだ。「サイレントモードをONにする」を選択するとサイレントモード（No167で解説）の設定に従う。

「設定」→「システム」→「ルール」を開き、「位置情報へのアクセスを常に許可」をオンにしておき、「ルールの追加」をタップ

「Wi-Fiネットワークまたは場所を追加」→「場所」で住所を指定し、自動でマナーモードにしたい場合は「デバイスをサイレントに設定」か「デバイスをバイブレーションに設定」を選択しておけばよい。「サイレントモードをONにする」を選択すると、あらかじめ「設定」→「通知」→「サイレントモード」で設定した内容でサイレントモードがオンになる

183

セキュリティ

自宅や特定の場所では
ロックを無効にする

ロック解除延長で
信頼できる場所
を登録しておく

　Pixelには特定の条件下で自動的に画面ロックを解除してくれる、「ロック解除延長」という便利な機能が搭載されている。例えば、自宅や職場を信頼できる場所として指定しておけば、その場所にいる間は画面がロックされず、スワイプだけでホーム画面を開くことが可能になる。利用には画面ロックの設定が必要なので、あらかじめ「設定」→「セキュリティとプライバシー」→「デバイスのロック解除」→「画面ロック」から、パターン／PIN／パスワードなどで設定しておこう。また位置情報もオンにしておくこと。

1 「信頼できる場所」をタップ

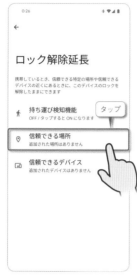

パターン／PIN／パスワードで画面ロックを設定したら、設定の「セキュリティとプライバシー」→「その他のセキュリティとプライバシー」→「ロック解除の延長」→「信頼できる場所」をタップ。

2 「信頼できる場所の追加」をタップ

Googleアカウントに自宅住所を登録していれば、「自宅」をタップして登録できる。その他の場所は「信頼できる場所の追加」をタップして登録する。

3 場所を指定して「この場所を選択」

マップ上から現在地や特定の場所を選択し、「この場所を選択」をタップして登録しよう。以降、この場所に端末がある間は画面ロックが自動的に解除される。

184

カスタマイズ

本体の音量ボタンに
新たな機能を追加する

物理キーの
2回押しや長押し
に機能を割り当て

　「Button Mapper」を使えば、音量ボタンなどの物理キーに各種機能を割り当てることができる。例えば音量アップキーの2回押しで上にスクロールさせたり、音量ダウンキーの長押しにライトオン／オフを割り当てることが可能だ。電源ボタンや、画面上のナビゲーションバーなどには機能を割り当てできない。

APP

Button Mapper
作者／flar2
価格／無料

1 ユーザー補助を許可する

アプリを起動してチュートリアルを進めると、ユーザー補助の許可を求められるので、スイッチをオンにして許可しておこう。

2 機能を割り当てたいボタンを選択

「音量アップ」など、機能を割り当てるボタンを選択しよう。Pro版を購入すると、ポケット検知や音量ボタンの配置変更機能なども有効にできる。

3 ボタンに割り当てる機能を選択

「カスタマイズ」をオンにすると、「2回押し」や「長押し」などの操作に機能を割り当てできるようになる。

185

自動化

シーンに合わせてよく行う操作を自動化する

設定した条件を満たすと指定した操作を実行する

条件やアクションを設定しておくことで、Pixelで行う複雑な操作を自動的に実行できるようにする、定番の自動化アプリが「Tasker」だ。例えば、自宅や職場に到着したらWi-Fiを自動的にオンにしたり、イヤホンを接続したら自動で音楽を再生するなど、さまざまな操作を自動化することが可能だ。自動実行の条件となる「プロファイル」や、プロファイルの条件を満たした時に実行される「タスク」は、それぞれ膨大な設定項目が用意されており、最初は何をどう組み合わせればよいのか分からない上級者向けのアプリだが、現在のバージョンには「Tasky」という初心者向けのモードも用意されている。あらかじめ用意されている自動実行の機能から必要なものを選び、表示される項目で条件やアクションの内容を選択していくだけで手軽にプロファイルを作成できるので、まずはこのモードから操作に慣れよう。「Tasker」モードに切り替えれば、従来通り一から条件やアクションを選択して自動実行を作成できるので、使いこなせばかなり自由にPixelをカスタマイズできる。有志による日本語Wikiなども用意されているので、色々試してみよう。

APP

Tasker
作者／joaomgcd
価格／380円

「Tasky」で既存のタスクから選んで追加する

1 欲しい機能を探して追加する

「Tasky」と「Tasker」の画面は右上のオプションメニューボタンから切り替えできる

キーワード検索で欲しい機能を備えたタスクを探し、ダウンロードボタンをタップ。なおタスク名をタップすると、そのタスクについての解説が表示される

「Tasky」は、あらかじめ用意されたタスクから選んで追加できるモードだ。ここでは、Bluetoothイヤホンの接続時に音楽を自動再生するタスクを探し、ダウンロードボタンをタップする。

2 タスクに必要な設定を済ませる

接続するBluetoothイヤホンや、起動する音楽プレイヤーアプリの選択画面が表示される。また必要な権限の許可も求められる

タスクの内容を確認して「はい」をタップ。続けてタスクを実行するための設定が表示されるので、画面の指示に従って条件やアクションを選択していこう。

3 条件を満たすと自動で実行される

設定が済んだら、追加したタスクが自動実行されるか試してみよう。指定したBluetoothイヤホンを接続すると、自動的に選択した音楽プレイヤーアプリ(ここではYouTube Music)が起動し、曲の再生が開始された

「Tasker」で最初からタスクを作成する

1 「タスク」画面でタスクを作成する

「タスク」画面で右下の「+」をタップし、タスクに名前を付ける

「+」→「アプリ」→「アプリ起動」で音楽プレイヤーアプリ(ここではYouTube Music)を選択

Bluetoothイヤホンの接続時に音楽を自動再生するタスクを一から作成するには、まず「タスク」タブで右下の「+」をタップして名前を付け、「+」→「アプリ」→「アプリ起動」で音楽アプリを選択する。

2 必要なタスクを追加していく

2つめのタスクは「+」→「タスク」→「待機」でアプリが起動するまでの待機時間を3秒に設定。3つめのタスクは「+」→「メディア」→「メディア操作」を追加し、「コマンド」を「再生(擬似的にのみ)」に変更。また「パッケージ／アプリ名」でYouTube Musicを選択する

元の画面に戻り、再度右下の「+」をタップ。アプリが起動するまでの待機時間や、メディア操作で音楽の再生を実行する設定を追加していこう。

3 プロファイルを作成してタスクと連携

「プロファイル」タブで「+」→「状態」→「ネット通信」→「接続中のBluetooth」を選択。続けて「名前」欄の虫眼鏡ボタンをタップし、接続中のBluetoothイヤホンを選択する

元の画面に戻って作成済みのタスクを選択すればプロファイルの作成は完了

タスクを作成したら「プロファイル」タブに切り替え、タスクの実行条件を「指定したBluetoothイヤホンを接続した時」になるよう設定し、作成済みのタスクを選択すればよい。

186

通信使用状況

指定した通信量に到達したら通知で知らせる

従来の段階制プランだと、少し通信量をオーバーしただけで次の段階の料金に跳ね上がる。またahamoなどのオンライン専用プランでも、20GBの上限を超えて通信量を使い過ぎると、通信速度が大幅に制限される。このような事態を避けるために、指定した通信量に達したら警告が表示されるよう設定しておこう。また、指定した上限に達したらモバイルデータ通信を停止することもできる。いつもネットで動画を観ているようなユーザーは、1日に使う通信量を決めておき、警告が表示されたら通信を控えるようにしよう。

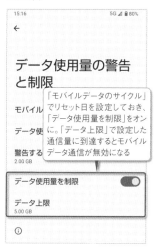

「設定」→「ネットワークとインターネット」で設定を行うSIMを選択し、「データ使用量の警告と制限」をタップ

「モバイルデータのサイクル」でリセット日を設定しておき、「データ使用量を制限」をオンに。「データ上限」で設定した通信量に到達するとモバイルデータ通信が無効になる

187

音検知通知

イヤホンをしていてもドアベルなどに気付くようにする

Pixelには、ドアフォンのベルやノック音、火災警報、サイレン、赤ちゃんの鳴き声、犬の鳴き声など、特定の音を認識すると通知してくれる「音検知通知」機能が搭載されている。本来は耳が不自由な人向けの聴覚サポート機能だが、イヤホンで音楽を聴いていたりオンライン会議の参加中にこの機能を有効にしておけば、指定した音が鳴った際に通知で気付くことができる。「設定」→「ユーザー補助」→「音検知通知」で「音検知通知を開く」をタップし、検知する音の種類を選択してオンにしておこう。

「設定」→「ユーザー補助」→「音検知通知」で「音検知通知を開く」をタップし、続けて「次へ」をタップ

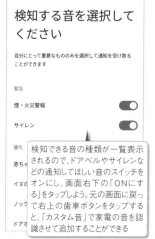

検知できる音の種類が一覧表示されるので、ドアベルやサイレンなどの通知してほしい音のスイッチをオンにし、画面右下の「ONにする」をタップしよう。元の画面に戻って右上の歯車ボタンをタップすると、「カスタム音」で家電の音を認識させて追加することができる

188

緊急情報

いざというときに備えて緊急情報と緊急通報を登録しておく

緊急情報はロック解除不要で確認できる

外出時に事故にあったり体調不良になった際に、すぐに助けを求められるように、あらかじめ緊急情報と緊急通報を設定しておこう。「設定」→「安全性と緊急情報」の「医療に関する情報」に登録した自分の医療情報と、「緊急連絡先」に登録した家族や友人などの連絡先は、Pixelのロック画面を上にスワイプした際に表示される「緊急通報」→「緊急情報を表示」をタップすることで、ロックを解除しなくても第三者が見ることができる。また「緊急SOS」をオンにすると、電源ボタンを素早く5回以上押すことで緊急通報できるようになる。

1 医療に関する情報を登録する

安全性と緊急情報

タップ。なお「緊急情報サービスを開く」をタップすると緊急情報サービスアプリが起動し、画面の指示に従って必要な設定を進めていける

医療に関する情報

アレルギーや服用している薬など、医療従事者に確認してほしい情報を入力しておく

「設定」→「安全性と緊急情報」を開き、「医療に関する情報」をタップ。氏名や血液型のほか、アレルギーや服用している薬など、自分の健康状態に関する情報を入力しておく。

2 緊急連絡先を登録する

安全性と緊急情報

タップ

緊急連絡先

タップして家族や友人などの緊急連絡先を追加

続けて「緊急連絡先」をタップし、「連絡先の追加」をタップ。家族や友人、かかりつけ医など、緊急時に連絡してほしい相手を登録しておこう。

3 緊急SOSをオンにする

「緊急SOS」→「緊急SOSをONにする」をタップしてオンにすると、電源ボタンを素早く5回以上押して110番などの緊急サービスに自動発信できるようになる。また、緊急SOSの実行時に緊急連絡先に自動でメッセージなどを送信したり、動画の撮影を自動で開始する設定も可能だ

189 ユーザー
一時的に他人に貸すときに便利なゲストモード

何らかの事情があって他人からPixelを使わせてほしいと頼まれても、個人情報の塊であるスマートフォンをそのまま手渡すのは危険だ。そんなときは「ゲストモード」を利用しよう。ユーザーをゲストに切り替えると、Pixelは初期設定直後のような状態になる。ホーム画面には

標準アプリのみが表示され、所有者が保存したデータやインストール済みのアプリを利用できないので、他人に貸し出しても自分の個人情報が見られることはない。またゲストが作成したアプリやデータは、終了時に自動で削除することも可能だ。

「設定」→「システム」→「複数ユーザー」で「複数のユーザーを許可する」をオンにしたら、「ゲストを追加」をタップしよう。なお、ゲストモード終了時にゲストが作成したアプリやデータを削除するには「ゲストアクティビティを削除」をオンにし、通話を許可するなら「ゲストに通話を許可する」をオンにしておこう

「ゲストに切り替え」をタップすると、Pixelがゲストモードになり、ホーム画面が初期状態になる。所有者がインストールしたアプリはゲストモードでは利用できない。「設定」→「システム」→「複数ユーザー」→「ゲストモードを終了」をタップするとゲストモードが終了する（元の持ち主の認証が必要）

190 セキュリティ
万が一の際、SIMカードが悪用されないようロック

Pixelの紛失時に怖いのは、端末内のデータ流出だけではない。SIMカードを抜き取られて他の端末で使われ、高額請求を受けるといった被害もあるのだ。そこで、「SIM PIN」を設定して、SIMカード自体にロックをかけておこう。SIMカードを別の端末に挿入しても、

PINコードを入力しないと通話や通信が利用できなくなる。ただし、SIM PINの入力を3回連続して間違えるとロックされてしまい、PINロック解除コード（PUKコード）の入力やSIMカード交換が必要になるので、操作には十分注意しよう。

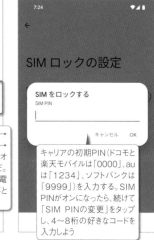

「設定」→「セキュリティとプライバシー」→「その他のセキュリティとプライバシー」→「SIMロック」を開き、「SIMをロックする」をオンにする。eSIMの場合でもロックが可能だ。SIMカードロックを有効にすると、端末の電源を入れるたびにPINコードの入力が必要となり、第三者による不正利用を防げる

キャリアの初期PIN（ドコモと楽天モバイルは「0000」、auは「1234」、ソフトバンクは「9999」）を入力する。SIM PINがオンになったら、続けて「SIM PINの変更」をタップし、4〜8桁の好きなコードを入力しよう

191 利用制限
マスト！
各アプリの利用時間を制限する

Pixelを使っていると、ついYouTubeやX（旧Twitter）を見てダラダラとした時間を過ごしがちな人も多いだろう。1日のうちに何時間Pixelを使い、そのうち何のアプリをどれくらい使っているかは、「設定」→「Digital Wellbeingと保護者による使用制限」で確認できる。

使いすぎのアプリがあるなら、円グラフをタップしてダッシュボードを開き、アプリにタイマーをセットして利用時間を制限しておこう。ファミリーリンクで設定した子供のスマートフォンに利用制限をかけることも可能だ。

「設定」→「Digital Wellbeingと保護者による使用制限」をタップすると、Pixelの1日の利用時間や、使用したアプリの割合などをグラフで確認できる。円グラフをタップするとダッシュボードが開き、より詳細な情報をチェックできる

ダッシュボードでは利用時間の長い順にアプリが一覧表示される。使いすぎのアプリがあれば右端の砂時計ボタンをタップし、「アプリタイマー」で1日の使用時間を制限しておこう。設定した時間の上限に達すると、午前0時までそのアプリを使えなくなる

192 セキュリティ
重要なアプリを勝手に使われないようロックする

メールやSNSなど、他人に触れたくないアプリは「アプリロック」でロックしておこう。使い方はマスターパスワードを設定し、ロックしたいアプリの錠前ボタンをタップするだけと簡単。アプリだけでなく各種機能などもロックできる。

APP

アプリロック AppLock
作者／DoMobile Lab
価格／無料

アプリを起動したら、まずはロックしたアプリを起動するためのパターンを設定しよう。アプリ起動後に「保護」タブでパターン入力をパスワード入力に変更できるほか、「指紋認証」をオンにすれば指紋認証でもロックを解除できる

ロックしたいアプリの錠前ボタンをオンにすると、そのアプリの起動時にパスワード入力が求められるようになる。初回設定時は、画面の指示に従い、本体設定の使用履歴へのアクセスを許可すること

7

生活
お役立ち技

日常のあらゆるシーンで活躍するPixel。
Googleマップの知らなかった便利機能をはじめ、
ベストな乗換案内アプリや天気予報アプリ、
高精度な防災アプリなど、
あると助かる生活お助けツールを一挙に掲載。

193

マップ

GooglePixel
Benrisugiru
Techniques
Section
7

マスト！ 使いこなすとかなり便利な マップの経路検索

2つの地点の 最短ルートと 所要時間がわかる

Googleの「マップ」アプリは、サイトなどに記載された住所を地図で確認したり、出かけた先の周辺地図を調べる際に大活躍するが、搭載されたさまざまな機能を使いこなせば、より一層手放せないアプリになるはずだ。特に「経路検索」機能は強力だ。指定した2つの地点を結ぶ最適なルートと距離、所要時間を自動車、公共交通機関、徒歩、自転車（対応エリアのみ）のそれぞれの移動手段別に割り出してくれる。例えば、旅行先での駅から名所までの徒歩でかかる時間や、自宅からの最適なドライブコースなど、これまで正確に調べることが難しかった情報を地図上にわかりやすく表示してくれる。また、乗換案内ツールとしても優秀で、最寄り駅がわからなくても、出発地と目的地を指定すれば、駅までの徒歩ルートと電車の乗り換えを合わせたベストなルートを表示してくれる。さらに、一部の対応エリアでは、タクシーの配車サービスと連携し、所要時間や配車までの時間、おおまかな料金を確認できる。

マップは、Googleアカウントでログインすることで、より快適に利用できる。経路検索においても、検索履歴やロケーション履歴（No198で解説）から、素早く目的地を指定することが可能だ。通常は、PlayストアやGmailで使っているGoogleアカウントで自動的にログインした状態になっているので、特別な操作は必要ない。

ルートや所要時間を確認するための基本操作

1 経路検索モード に切り替える

画面右下にある経路ボタンをタップするか、検索結果の情報エリアの「経路」をタップ。これで、2地点間のルートを調べる経路検索モードに切り替わる。

2 出発地と目的地 移動手段を設定する

移動手段を自動車、公共交通機関、徒歩などから選択し、出発地および目的地を入力する。出発地は、あらかじめ「現在地」が入力されているが、もちろん他の地名や住所、施設名に変更可能だ。

3 ルートと距離 所要時間が表示

今回は自動車を選んで検索を実行。最適なルートが濃いカラーのラインで、別の候補が薄いカラーのラインで表示される。画面下部に所要時間と距離も示される。また、上部のタブには各移動手段による所要時間も表示。タップしてそれぞれの経路に切り替えられる。

乗換案内やさまざまなオプション操作

1 乗換案内として 利用する

移動手段に公共交通機関を選べば、（検索内容にもよるが）複数の経路がリスト表示される。ひとつ選んでタップすれば、地図上のルートと詳細な乗換案内を表示。

2 経路検索で 経由地を追加する

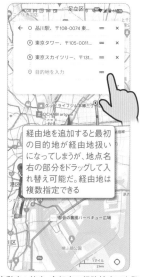

経由地を追加すると最初の目的地が経由地扱いになってしまうが、地点名右の部分をドラッグして入れ替え可能だ。経由地は複数指定できる

自動車か徒歩、自転車の経路検索で出発地と目的地を入力した後、右上のオプションメニューボタン（3つのドット）をタップ。続けて「経由地を追加」をタップし、スポットや住所を入力しよう。

3 経路検索の結果を ホーム画面に追加

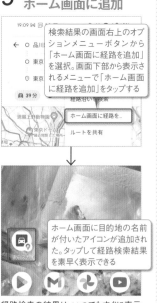

検索結果の画面右上のオプションメニューボタンから「ホーム画面に経路を追加」を選択。画面下部から表示されるメニューで「ホーム画面に経路を追加」をタップする

ホーム画面に目的地の名前が付いたアイコンが追加された。タップして経路検索結果を素早く表示できる

経路検索の結果は、いつでもすぐに表示できるようにホーム画面にアイコンとして追加できる。オプションメニューボタンから「ホーム画面に経路を追加」を選択しよう。

194

マップ

マスト!

マップで調べたスポットを ブックマークしておく

後でもう一度 確認できるように 保存しておく

「マップ」アプリで検索したスポットは、お気に入りとして保存可能だ。旅行先で訪れたい場所やチェックしたショップ、仕事で巡回する訪問先などを保存しておけば、いつでも素早くマップで確認できる。保存するには、スポットの詳細情報画面で「保存」ボタンをタップし、リストを選ぶだけ。ボタンが「保存済み」に変われば、マップ上にハートやスターとして表示される。また、同じGoogleアカウントでログインすれば、他のデバイスで開いたGoogleマップ上でも保存スポットが反映される。

1 検索したスポットを 保存する

タップして保存したいリストを選択。「＋新しいリスト」で新規リストも作成できる。保存先のリストによって、操作できる内容やマップ上に表示されるアイコンが異なる

住所やスポットで検索、もしくはマップ上をロングタップしてピンを立て、画面下に表示される詳細情報画面で「保存」をタップしよう。

2 保存したスポットを 呼び出す

各リスト名右のオプションメニューボタンで、「地図に表示しない」(マップ上にスターなどのアイコンを表示しない)やリストの共有などの操作を行える。メニューの内容はリストによって異なる

下部メニューの「保存済み」をタップすると、保存済みのリストが一覧表示される。保存先リストからそれぞれのスポットを呼び出せる。

3 保存したスポットは フラグなどで表示

保存したスポットは、マップ上にスターやフラグで表示される。「保存済み」でリスト名右のオプションボタンをタップし「地図に表示しない」も選べる。

195

マップ

マスト!

マップに自宅や職場の 場所を登録しておく

日本国内はもちろん世界中の地図を確認できるマップアプリだが、日常的には自宅や職場周辺を調べたり、同じく自宅や職場を出発地や目的地とした経路検索を行うことが多いはず。そこで、自宅や職場の住所をあらかじめ登録しておけば使い勝手が大きく向上する。

下部メニューの「保存済み」をタップし、続けて「ラベル付き」をタップ。「自宅」および「職場」をタップして設定しよう。これで、地図上にアイコン表示され、経路検索時にはワンタップで自宅や職場を出発地／目的地に設定可能だ。

「保存済み」画面の「ラベル付き」タブで、「自宅」および「職場」をタップして住所を入力する。入力後表示される3つのドットのボタンをタップすると、入力した住所の編集や削除を行える

経路検索の入力画面に「自宅」「職場」の項目が表示され、タップするだけで出発地もしくは目的地に登録できる

196

マップ

マスト!

マップを片手操作で 拡大縮小する

マップは、2本指でピンチイン・ピンチアウトすることでなめらかに拡大縮小操作を行うことができる。しかし、この操作は両手を使わないと難しい。ダブルタップで段階的に拡大することは可能だが、細かな調整ができない上に縮小も行えないのであまり役に立たない。そこで片手でもスムーズにマップを拡大縮小する方法を紹介しよう。Pixelを片手で持ち、その持ち手の親指で画面をダブルタップ。そのまま指を離さず上下にスライドさせてみよう。上へ動かすと表示エリアが徐々に縮小、下へ動かすと徐々に拡大されるはずだ。細かい調整も問題ない。これで、片手でも自在にマップを操作できるようになる。画面の回転や角度の変更はできないが、外出先で片手がふさがっている場合には十分有効な手段だ。

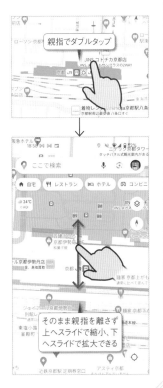

親指でダブルタップ

そのまま親指を離さず上へスライドで縮小、下へスライドで拡大できる

生活お役立ち技

197

マップ

電車やバスの発車時刻や停車駅、ルートを確認する

分かりづらいバスのルートもマップで確認

Googleマップでは、特定の駅やバス停をタップすると、今後の出発時刻や出発までの時間が一覧表示される。乗りたい方面へのバスがあと何分で出発するか、同じ方向への電車はどちらの路線の方が出発が早いかなどがすぐに分って便利だ。また、便をひとつをタップして選択すると、すべての停車駅やバス停が表示され、ルートをマップ上で確認できる。特にバスの場合はルートが分かりづらいことが多いが、この機能を使えばルートがマップ上でカラー表示されるので、行きたい場所の近くを通るかも分かりやすい。

GooglePixel Benrisugiru Techniques Section 7

1 特定の駅の出発情報を確認する

マップ上の駅名をタップすると、今後の出発時刻や出発までの時間が一覧表示される。複数の路線を見比べたいときなどに活用しよう。

2 バス停も出発情報を確認できる

バス停をタップした場合も、同様に今後の出発時刻や出発までの時間が一覧表示される。乗りたい時間の便をタップしてみよう。

3 ルートをマップ上で確認できる

便をひとつ選んでタップすると、その電車やバスのすべての停車駅やバス停と、どこまで向かうかのルートをマップ上で確認できる。特にバスの場合はルートが分かりづらいことが多いので、この機能でどこを通るかを把握しよう

198

マップ

日々の行動履歴を記録しマップで確認する

Googleマップには「タイムライン」という機能があり、移動した経路や訪れた場所を常時記録し、マップ上で確認することができる。特に操作を意識しなくても利用できる、便利なライフログ機能だ。タイムライン機能を利用するには、あらかじめマップアプリの「設定」からロケーション履歴をオンにしておこう。これで、常に位置情報がGoogleマップに記録されるようになるのだ。なお、タイムラインは本人以外に公開されない。また、訪れた場所は下部メニューの「保存済み」→「訪れた場所」でも確認できる。

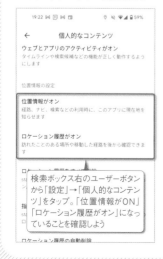

検索ボックス右のユーザーボタンから「設定」→「個人的なコンテンツ」をタップ。「位置情報がON」「ロケーション履歴がオン」になっていることを確認しよう

ユーザーボタンから「タイムライン」を表示。訪れた場所と経路に加え、移動した距離や時間が表示される。「今日」をタップすると日付を選択可能だ

199

マップ

イマーシブビューで移動ルートをプレビューする

Googleマップに搭載されている「イマーシブビュー」機能。現在国内では東京の一部エリアでしか利用できないが、経路検索で調べたルートを衛星画像を元に作成されたリアルな3DCGで表示し、道案内してくれる最新機能だ。経路検索結果の画面で小窓をタップすると出発地点が表示され、空を飛ぶドローンが撮影したような視点でルートを進行していく。検索時の時間帯や現地の天候を反映した風景が表示されるのもおもしろい。リアルなイメージで道順を確認できるので、土地勘のないエリアでの移動時に心強い。

イマーシブビューが利用できるエリアであれば、経路検索の結果の画面左下にこのような小窓が表示されるのでタップしよう

イマーシブビューが開始された。時計アイコンをタップして、時刻の変更も可能だ

200

マップ

他のユーザーと
リアルタイムに
現在地を共有

Googleマップユーザー同士なら、リアルタイムに位置情報を共有することができる。ユーザーボタンから「現在地の共有」をタップし、自分の位置情報を知らせたいユーザーをリストから選択するか、メッセージなどでリンクを送信すると、すぐに相手のGoogleマップ上に、自分の

現在地が表示されるようになる。共有する期間を15分〜1日間で指定することもできる。相手がiPhoneでもOKだ。なお、Googleマップの位置情報は「常に許可」にする必要があるので、警告が表示されたら設定を変更しておこう。

ユーザーボタンのメニューから「現在地の共有」をタップして共有したいユーザーを指定する。共有期間も設定できる

現在地を共有した相手がGoogleマップの通知から「○○さんと現在地を共有」をタップすると、相手の現在地もマップ上で表示され、双方向でリアルタイムに確認できるようになる

201

マップ

指定した地点間の
距離を測定する

Googleマップでは、マップ上の指定した地点間の直線距離を測定することができる。まず、マップ上をロングタップしピンを立て、画面下部に表示される地点名をタップ。詳細情報画面をスクロールし、下の方にある「距離を測定」をタップ。マップをスワイプすると、最初に指

定した地点と画面中央部分までの距離が下部に表示される。画面右下の「+」をタップすると地点を追加できるので、建物や公園などの外周を測定することも可能だ。この機能は航空写真上でも利用できる。

スワイプして表示エリアを移動させて、ピンから画面中央の地点までの距離を測定する

202

マップ

通信量節約にもなる
オフラインマップを
活用する

Googleマップは、オフラインでも地図を表示できる「オフラインマップ」機能を備えている。あらかじめ指定した範囲の地図データを、端末内にダウンロード保存しておくことで、圏外や機内モードの状態でもGoogleマップを利用することが可能だ。オンライン時と同じように

地図を表示でき、スポット検索やルート検索（自動車のみ）、さらにナビ機能なども利用できる。特に電波の届きにくい山の中や離島に行くことがあれば、その範囲をダウンロードしておくと便利だ。海外の多くの地域でも使える。

ユーザーボタンのメニューから「オフラインマップ」をタップし、続けて「自分の地図を選択」をタップ

ダウンロードしたいエリアを枠内に入れて「ダウンロード」をタップしよう。ダウンロードするにはWi-Fi接続が必要。またファイルサイズも大きいので、空き容量に注意しよう

203

マップ

マップの利用履歴が
残らないシークレット
モードを使う

Chromeのシークレットモード（No080で解説）と同様に、Googleマップにもシークレットモードが用意されている。機能をオンにすると、検索キーワードや閲覧したスポットの履歴が残らないほか、移動したロケーション履歴も保存されない。現在地の共有や、通勤情報、

マイプレイス、オフラインマップなどの機能も使えなくなる。なお、シークレットモード中は、保存した場所のスターやフラグなどのアイコンも表示されないので、余計な表示を取り除きスッキリした画面で地図を確認したいときにも便利だ。

ユーザーボタンのメニューから「シークレットモードをオンにする」をタップすると、Googleマップが再起動してシークレットモードになる

シークレットモード中のGoogleマップでは、検索やロケーション履歴が保存されない。プライベートな履歴を残したくない時に活用しよう。ユーザーボタンのメニューから「シークレットモードをオフにする」をタップすると、機能がオフになる

204

マップ

地下のマップが
わかりやすい
Yahoo! MAP

標準のGoogleマップが便利すぎて、他のマップアプリを入れる必要性はほとんど感じないが、地下に関しては「Yahoo! MAP」の方が優秀だ。地下のあるエリアや建物を拡大すると、出口や階段、店舗名やトイレの位置まで非常に分かりやすく表示される。

APP

Yahoo! MAP
作者／Yahoo Japan Corp.
価格／無料

地下街のあるエリアを拡大すると、左端に地下の階層が表示されるので、表示したい階をタップして選択しよう

このように、地下街の出口、階段、店、トイレの位置まで詳細に表示される。迷いやすい地下もこのアプリがあれば安心だ

205

マップ

Yahoo!マップの
タブ機能で
複数の地図を開く

No204で紹介した「Yahoo!マップ」では、Chromeなどのブラウザで使えるタブ機能を利用できる。複数の地図を別々の画面で同時に開いておける機能で、ひとつのスポットの場所を表示したまま別のスポットを調べたり、スポットの検索と同時にルート検索を利用したいときに助かる機能だ。気になる店舗や複数のルートを比較したり、旅行で訪問するエリアを検討するといった際に活用できる。地図の画面だけではなく、スポットの詳細情報画面もタブとして開くことが可能だ。タブは最大100件まで開いたままにしておける。

画面端にあるタブボタンをタップする。タブボタンは左右画面端の好きな位置に動かせる

タブ一覧画面が表示される。左右にスワイプしてタブを選択。上へスワイプしてタブを消去できる。また、「＋」をタップして新規タブを作成

206

交通情報

柔軟な条件を迷わず設定できる
最高の乗換案内アプリ

乗換案内、時刻表
運行情報などを
サクッと確認できる

日時や経由駅の指定など、検索条件を柔軟に設定でき、検索結果も早さや料金など優先項目を選んで並べ換えできる、使い勝手抜群の定番乗換検索アプリが「Yahoo!乗換案内」。検索結果の「1本前」や「1本後」の情報や発着ホーム、通過する全駅はもちろん、徒歩ルートの地図も表示でき、移動に関するすべてを完全サポートしてくれる。

APP

Yahoo!乗換案内
作者／Yahoo Japan Corp.
価格／無料

1 出発駅、到着駅
経由駅を設定する

「検索」ボタン上のメニューでさまざまな条件設定を行える。また、「日時設定」で出発／到着の日時を設定できる

起動すると「乗換案内」画面になるので、出発駅と到着駅を入力して検索しよう。一度入力した駅名は履歴に残るので再入力も簡単。経由駅の指定や出発駅と到着駅の入れ替えも簡単だ。

2 検索結果が
表示される

リストから調べたい経路をタップすれば、詳細な乗換情報が表示される。乗車時間の横に表示されているアイコンで、この路線の混雑傾向も分かる

検索結果が一覧表示される。時間順、回数順(乗換回数)、料金順のタブで検索結果を並べ替えることができる。また、「1本前」「1本後」の電車もすぐに確認可能だ。

3 検索結果から
ルートを表示

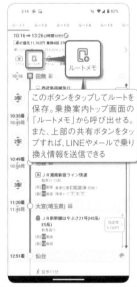

このボタンをタップしてルートを保存。乗換案内トップ画面の「ルートメモ」から呼び出せる。また、上部の共有ボタンをタップすれば、LINEやメールで乗り換え情報を送信できる

検索結果一覧からひとつを選んでタップすると、詳細なルートが表示される。駅間の「○駅」をタップすると、通過駅もすべて確認できる。

GooglePixel
Benrisugiru
Techniques
Section

7

207
交通情報

マスト!

Yahoo!乗換案内の スクショ機能を 活用する

「Yahoo!乗換案内」(No206で解説)の検索結果を家族や友人に伝えたい場合、画面右上の共有ボタンからメールやラインで送信できる。ただこの方法だと、情報がテキストで送信されるので、パッと見だけではルートが分かりづらい。おすすめは、同じく検索結果画面に用意された「スクショ」機能だ。スクロールしないとすべて表示できない長いルートも1枚の画像としてそのままLINEやメールで送信できるので、視覚的に非常にわかりやすい。スクショは「フォト」アプリに保存されるので、自分の確認用にも利用したい。

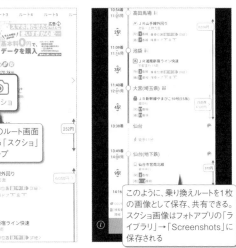

検索結果のルート画面上部にある「スクショ」ボタンをタップ

このように、乗り換えルートを1枚の画像として保存、共有できる。スクショ画像はフォトアプリの「ライブラリ」→「Screenshots」に保存される

208
交通情報

混雑や遅延を避けて 乗換検索する

特に都市部の電車では、事故や点検によって遅れが発生したり、イベント開催で大混雑するといった事態が日常茶飯事だが、できればうまく避けて別の路線やバスで迂回したいところ。そんな時にも、No206で紹介した「Yahoo!乗換案内」アプリが活躍する。路線の運行情報をいち早くチェックできるだけでなく、遅延や運休時に迂回路をすばやく再検索することができる。また、路線が混雑するかどうかが分かる「異常混雑予報」という機能も搭載しており、混みそうな路線をあらかじめ避けて検索することが可能だ。

検索結果に遅延や運休がある時は、上部に「迂回路」と表示されるので、これをタップ。回避対象の路線にチェックして、迂回路を検索できる

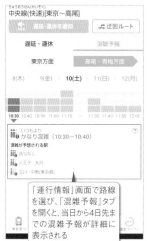

「運行情報」画面で路線を選び、「混雑予報」タブを開くと、当日から4日先までの混雑予報が詳細に表示される

209
交通情報

いつも乗る路線の 発車カウントダウン を表示

No206で紹介した「Yahoo!乗換案内」は、自宅と会社の最寄駅を設定しておけば、次の電車の発車までの時間をカウントダウン表示してくれる「通勤タイマー」機能も備えている。「急げば間に合いそう」「もう間に合わないから次の電車にしよう」といった判断を素早く行えるので、ぜひ活用しよう。カウントダウンを開始すると、上部に発車のタイミングや列車の種別がカラーボタンで表示され、下部で次の発車時刻までの残り時間がカウントされる。行きと帰りもワンタップで切り替え可能だ。

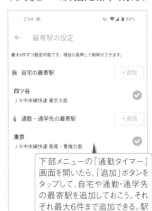

下部メニューの「通勤タイマー」画面を開いたら、「追加」ボタンをタップして、自宅や通勤・通学先の最寄駅を追加しておこう。それぞれ最大6件まで追加できる。駅の登録が済んだら、下部の「カウントダウン開始」ボタンをタップ

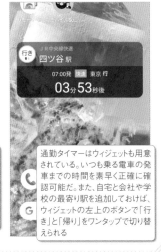

通勤タイマーはウィジェットも用意されている。いつも乗る電車の発車までの時間を素早く正確に確認可能だ。また、自宅と会社や学校の最寄り駅を追加しておけば、ウィジェットの左上のボタンで「行き」と「帰り」をワンタップで切り替えられる

210
電子マネー

Suicaなど ICカードの残高や 利用履歴を表示

SuicaやPASMO、楽天EdyなどのicカードをスマートフォンのNFC機能で読み取り、利用履歴や残高を確認できるアプリ。おサイフケータイを使わない、ICカード派のユーザー必携だ。NFCをオンにして、本体背面にカードをかざすだけでOKだ。

APP

Suica Reader
作者／yanzm
価格／無料

まずは、Pixel本体の「設定」→「接続設定」→「接続の詳細設定」→「NFC」→「NFCを使用」がオンになっていることを確認する。SuicaなどのICカードを本体背面にかざすと自動的にスキャンされ、利用履歴や残高が表示される

表示された利用履歴、残高などのデータは、画面右上の「保存」をタップして、「履歴」に保存できる。画面右上の歯車ボタンで設定を開き、「読み取り時に自動で履歴に追加」をオンにすることもできる。また、利用履歴のデータは、有料でCSVファイルとしてエクスポートできる

211

シェアサイクル

Pixelを使って シェアサイクル を利用する

NTTドコモが全国各地で展開する「ドコモ・バイクシェア」。街中にあるポートで電動アシスト自転車を借りて、別のポートで返却できるシェアサイクルサービスだ。スマホキーとして登録したPixelをかざすだけで解錠できる仕組みも便利。

APP

ドコモ・バイクシェア
作者／株式会社ドコモ・バイクシェア
価格／無料

アカウントを作成後、マップで貸出可能台数を確認し、利用したいポートをタップ。予約可能なバイク欄でバッテリー残量を確認しつつ自転車を選び、「予約する」をタップしよう

ポートで「鍵をあける」をタップ。4桁のパスコードを自転車の端末に入力するか、QRコードを読み取って解錠する。メニューの「アカウント」→「カードキー・スマホキー登録」で登録すると、Pixelをかざして解錠できるようになる

212

防災

情報配信速度に 定評のある 人気防災アプリ

「特務機関NERV防災」は、地震をなどの防災気象情報をいち早く配信する人気のアプリ。防災情報は気象業務支援センターから専用線で直接受信しており、情報の配信速度に定評がある。主要動の到達をカウントダウンするリアルタイムな緊急地震速報も高精度だ。

APP

特務機関NERV防災
作者／Gehirn Inc.
価格／無料

下部メニューの「ホーム」で全国や現在地、登録した地点の気象警報や注意報を確認できる。画面右上の「＋」で地域を追加可能

下部メニューの「タイムライン」で全国や現在地で発生した災害、気象情報を時系列に表示。項目をタップして詳細を確認できる

213

天気

現在地や指定の場所の 天気をスムーズにチェック

必要な情報を 確認しやすい 定番アプリ

現在地や設定地点の17日間の天気予報、最高／最低気温、降水確率などを1画面で確認できる実用性の高い天気予報アプリ。1時間ごとの気温や降水確率も最大72時間までチェックできる。複数の地域を登録でき、ゲリラ豪雨回避に必須の雨雲レーダーや、ウィジェット、天気予報の通知など、役立つ機能を多数搭載した決定版アプリだ。

APP

Yahoo!天気
作者／Yahoo Japan Corp.
価格／無料

1 天気表示画面は とても見やすい

複数の地点を登録している場合は、上部のタブをタップするか、画面内を左右にスワイプして表示を切り替えできる。地点の追加は、画面下部の「メニュー」→「地点を追加する」をタップして行う

現在地や登録地点の天気予報、最高／最低気温、降水確率などを、数日分まとめて確認できる。下部メニューの「全国」で全国の天気が表示される。

2 雨雲レーダー を利用する

しっかりチェックすればゲリラ豪雨を回避したり、傘が必要かどうか判断できる。下部のボタンで「風レーダー」や「雷レーダー」に表示を切り替えることもできる

下部の「雨雲」をタップすると、雨雲の動きをリアルタイムに確認できる雨雲レーダーが表示される。左下の再生ボタンをタップして、今後の動向をシミュレーション可能。

3 通知パネルで 天気を確認する

下へスワイプして通知パネルを表示し、天気をチェックできる。表示／非表示は、登録地点ごとに設定可能で、ステータスバーのアイコン表示も同時に設定される

下部の「メニュー」→「アプリの設定」→「クイックツール設定」でチェックボックスにチェックを入れると、ステータスバーおよび通知パネルの天気表示を利用できる。

通訳モードで外国人と会話する

リアルタイムに双方の発言を翻訳してくれる

外国人と会話する際は、別途翻訳アプリを用意しなくても標準で用意されているGoogleアシスタント（No014で解説）の「通訳モード」を使えば、48言語でリアルタイム通訳ができるので覚えておこう。「OK Google」に続けて「英語の通訳をして」や「スペイン語からフランス語に通訳して」と話しかけると、Googleアシスタントの通訳モードが起動し、自分の音声と相手の音声を自動で判断して相互に翻訳してくれる。いちいち言語を切り替える必要がないので、ストレスのないスムーズな会話が可能だ。

1 Googleアシスタントの通訳モードを起動

日本語で話しかけると、リアルタイムに文字と音声で英語に翻訳される。スピーカーボタンをタップすれば、何度でも音声を聞き直せる。なお、モバイルアシスタントをGeminiに変更している場合は、「設定」→「アプリ」→「アシスタント」→「Googleのデジタルアシスタント」で「Googleアシスタント」に変更しよう

「OK Google、英語の通訳をして」と話しかけて、Googleアシスタントの通訳モードを起動。日本語で話しかけてみよう。

2 相手の返答もリアルタイムに翻訳

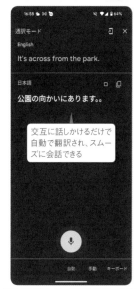

交互に話しかけるだけで自動で翻訳され、スムーズに会話できる

相手が返答すると、言語が自動で判別されてリアルタイムに日本語に翻訳される。

3 キーボード入力も利用可能

文章を入力し、「翻訳」をタップ。すぐに文字と音声で翻訳される

画面下部で「キーボード」をタップすると、キーボードで入力した文章を翻訳することもできる。

食べログのランキングを無料でチェックする

定番のグルメサイト「食べログ」では、エリアとジャンルを設定してランキングを表示することが可能だ。評価の高い順にお店をチェックできる便利な機能だが、アプリ版では5位までしか表示されず、完全版を見るには月額400円（税込）のプレミアムサービスに登録する必要がある。ところが、Webのデスクトップ版で表示すると、このランキングを無料ですべて見ることができるのだ。Chromeで食べログにアクセスし、オプションメニューから「PC版サイト」を選択して完全版のランキングをチェックしよう。

Chromeで食べログにアクセス。アプリが起動してしまう場合は、食べログのリンクをロングタップし「新しいタブで開く」を選択するか、設定で食べログアプリの「デフォルトで開く」を解除すればよい。アクセスしたらオプションメニューから「PC版サイト」を選択

PC版サイトでお店を検索し、「ランキング」タブをタップすると、完全版のランキングを無料でチェックすることができる

数々の名作文学を無料で楽しむ

青空文庫は、著作権保護期間が過ぎた作品や著者が公開を許可した作品を無料で公開している電子図書館だ。「Yom!青空文庫」は、人気の青空文庫ビューア。お気に入りの作品を登録しておける「本棚」や、お気に入り作家を登録しておける機能が特徴だ。

APP

Yom!青空文庫
作者／Seiichiro Tanaka
価格／無料

トップ画面上部でキーワード検索できるほか、作家名や作品名、分類の一覧から検索することも可能。作品ページを開いたら、画面下部の「最初から読む」をタップしよう。「＋」ボタンで本棚に登録することができる

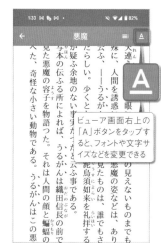

ビューア画面右上の「A」ボタンをタップすると、フォントや文字サイズなどを変更できる

217

電子書籍

電子書籍の重要な文章を保存する

Kindleの
ハイライト機能を
使いこなそう

Amazonの電子書籍を読める「Kindle」アプリなら、あとで読み返したい文章に蛍光ラインを引いて、簡単にハイライトしておける。ハイライトした箇所はまとめて表示できるほか、4色のカラーで色分けして、それぞれのカラーで絞り込み表示したり、より重要な文章にはスターを付けることも可能だ。

APP

Kindle
作者／Amazon Mobile LLC
価格／無料

1 文章をロングタップしてカラーを選ぶ

ロングタップでハイライトしたい文章を選択すると、ポップアップメニューが表示されるので、塗りたい色を4色から選んでタップしよう。

2 マイノートを開いてハイライトを確認

ハイライトした文章をまとめて確認したいときは、画面内を一度タップしてメニューを表示させ、上部のマイノートボタンをタップしよう。

3 カラーやスターで絞り込みも可能

ハイライトした文章がまとめて表示される。右上のフィルターボタンをタップすれば、ハイライトの色や星付きなどの条件で、絞り込み表示することも可能だ。

218

銀行

Pixelだけで
コンビニのATMから
出金する

財布を持たずにPixelだけ手にして外出したときに限って現金が必要になった……といった場合でも、PayPay銀行を使っていれば、セブン銀行やローソン銀行のATMでPixelを使って出金できる。ただし事前にアプリの設定が必要だ。

APP

PayPay銀行
作者／PayPay銀行
価格／無料

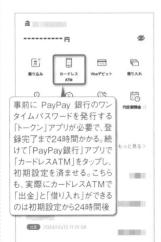

事前にPayPay銀行のワンタイムパスワードを発行する「トークン」アプリが必要で、登録完了まで24時間かかる。続けて「PayPay銀行」アプリで「カードレスATM」をタップし、初期設定を済ませる。こちらも、実際にカードレスATMで「出金」と「借り入れ」ができるのは初期設定から24時間後

アプリで出金するには、セブン銀行ATMの「スマートフォンでの取引」（ローソン銀行ATMでは「スマホ取引」）ボタンを押し、PayPay銀行アプリで「カードレスATM」→「出金」をタップ。QRコードを読み取って企業番号をATMで入力したら、あとは暗証番号と出金する金額をATMで入力すればよい

219

クレジットカード

マスト!

クレジットカードの
利用通知を
設定する

クレジットカードの不正利用が不安という人におすすめなのが、利用通知サービスの設定だ。三井住友カードなど一部のクレジットカードは即時通知に対応しており、アプリで設定を済ませておけば、カードの利用と同時に決済の通知が届くようになる。

APP

**三井住友カード
Vpassアプリ**
作者／三井住友カード株式会社
価格／無料

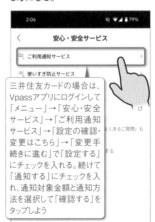

三井住友カードの場合は、Vpassアプリにログインして「メニュー」→「安心・安全サービス」→「ご利用通知サービス」→「設定の確認・変更はこちら」→「変更手続きに進む」で「設定する」にチェックを入れる。続けて「通知する」にチェックを入れ、通知対象金額と通知方法を選択して「確認する」をタップしよう

通知方法で「Vpassアプリプッシュ」を選択すると、カード利用時にこのような通知がリアルタイムで届くので、万一不正利用された際もすぐに気づくことができる。なお、クレジットカードの中には即時通知に対応していないものも多い。例えば楽天カードでは利用通知の設定は可能だが、最短でも翌日のメール通知のみとなっている

220
宅配便

マスト！

送り状不要でPixelから宅配便を発送する

ヤマト運輸の公式アプリで荷物を発送

宅配便で荷物を送りたいときは、あらかじめ手書きの送り状を用意しなくても、ヤマト運輸の公式アプリを使えば簡単だ。アプリ上で届け先などの情報を登録し、QRコードやバーコードを発行。コンビニやヤマト運輸の営業所で読み取って送り状を発行するシステムで、支払いもアプリ上で完了できる。

APP

ヤマト運輸公式アプリ
作者／YAMATO TRANSPORT CO.,LTD.
価格／無料

1 宅急便をスマホで送るをタップ

タップ。自宅で集荷してほしい場合は「集荷申し込み」をタップ

アプリを起動したら、「宅急便をスマホで送る」をタップしよう。Chromeで専用ページが開くのでログインを済ませる。

2 必要な情報を入力して発送

届け先の設定画面で「LINEでリクエストする」をタップすると、送り主と受け取り先がお互いに住所や氏名を知らせずに匿名で荷物を発送できる

続けて「新しく送る」欄で荷物の種類を選択。指示に従って個数やサイズ、届け先、依頼主、発送場所、支払い方法を入力していき、最後に「2次元コード・バーコードを表示する」をタップ。

3 集荷を依頼して荷物を発送する

表示されたQRコードを、ファミリーマートのFamiポートやヤマト運輸営業所のネコピットで読み取り、送り状を発行する仕組みだ。宅配便ロッカーのPUDも利用できる。セブンイレブンを利用したい場合は、QRコード下の「セブン-イレブンをご利用の方はこちら」をタップしてバーコードを表示。レジで提示しよう

221
定規

Pixelの画面を定規として利用する

Pixelの画面がそのまま定規になるアプリ。単位をcmとinchで切り替えできるほか、左端を固定して右にドラッグした長さを計測するモードや、両端を動かして中央部の長さを計測するモード、縦横2辺の長さを計測できるモードが用意されている。

APP

定規
作者／NixGame
価格／無料

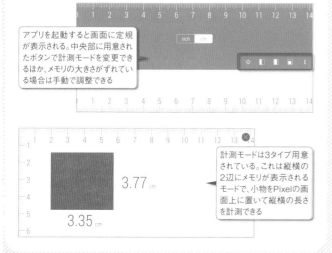

アプリを起動すると画面に定規が表示される。中央部に用意されたボタンで計測モードを変更できるほか、メモリの大きさがずれている場合は手動で調整できる

計測モードは3タイプ用意されている。これは縦横の2辺にメモリが表示されるモードで、小物をPixelの画面上に置いて縦横の長さを計測できる

222
ショッピング

Amazonでベストな商品を見つける方法

Amazonで低品質な商品や対応の悪い業者を避けるには、発送元と販売元がともにAmazonの商品を選ぶのが確実だ。従来は「Amazonショッピング」アプリで簡単に絞り込みできたが、原稿執筆時点では販売元の絞り込み機能が消えている。そこで、Chromeで

ChromeでAmazonを開いて、ほしい商品を検索。URL欄をタップして、編集ボタンをタップ。URLに「&emi=AN1VRQENFRJN5」（「&rh=p_6%3AAN1VRQENFRJN5」でもよい）を追加して開く

Amazonにアクセスして商品を検索し、検索結果の末尾に「&emi=AN1VRQENFRJN5」（「&rh=p_6%3AAN1VRQENFRJN5」でもよい）というパラメータを追加してみよう。検索結果を発送元と販売者がAmazonの商品のみに絞り込める。

検索結果はすべて発送元と販売元がAmazonの商品のみとなる。なお、この方法だと販売元がメーカー直販や正規代理店の商品も除外してしまう。特定のメーカーの製品を探すなら、パラメータを使わずに検索結果をメーカーやブランドで絞り込むとよい

223

リマインダー

今いる場所で
やるべきことを
通知する

標準でインストールされている「Keepメモ（Google Keep）」は、通常のメモやチェックリストを素早く入力できるシンプルなメモアプリ。備忘録や買い物リストの作成に向いているが、ただ作成したメモを開いてチェックするだけではなく、強力なリマインド機能をあわせて使うことで大事な用事や買い物を忘れず遂行することができる。リマインドは日時に加えて位置情報を元に設定した場所で通知することが可能だ。例えば、帰宅前に駅ビルで買い物をしなければならない、といった際に活用したい。

メモやチェックリストを作成したら、右上のベルのマークのボタンをタップ。続けて「場所を選択」→「場所を編集」でスポット名や住所を入力して、リマインドする場所を設定する

設定した場所に到着すると、このようにメモの内容が通知でリマインドされる

224

アラーム

アラーム音を
好きな音楽に
変更する

「時計」アプリのアラーム音は、好きな音楽に変更することができる。本体に保存されている音楽ファイルはもちろん、YouTube MusicやSpotifyで配信中の楽曲も設定可能。YouTube Musicの曲は有料のYouTube Premiumに加入していないと利用できないが、Spotifyの曲ならアプリさえインストールしていれば無料会員のままでもOK。アラーム音設定画面で「Spotify」を選択し、曲を検索しよう。無料会員だと個別の曲は選択できないが、アルバムやプレイリストを設定してランダムに楽曲を再生することは可能だ。

アラーム設定画面でアラーム音（ベルのアイコン）部分をタップ。「YouTube Music」や「Spotify（事前にアプリをインストールしておくこと）」を選択して、画面右下の検索ボタンをタップ。アーティストや曲を検索して選択しよう

本体内の音楽ファイルを設定したい場合は、アラーム音設定画面で「サウンド」を選び、「新しく追加」をタップ。ファイルを選択する。GoogleドライブやDropbox内の音楽ファイルも設定できる

225

アラーム

✦マスト！
イヤホンだけに
鳴らすことができる
アラームアプリ

「新幹線で乗り過ごさないか心配」、「図書館から出発する時間を知らせて欲しい」といった時に便利なのが、イヤホンだけにサウンドを鳴らしてくれるアラームアプリ。繰り返しやスヌーズ、マナーモード時の挙動なども細かく設定できる便利なアプリだ。

APP

スマートアラーム
作者／TanyuSoft
価格／無料

「＋アラームの追加」をタップして時刻を設定。続けてアラーム音やスヌーズなどを設定し、「完了」をタップする

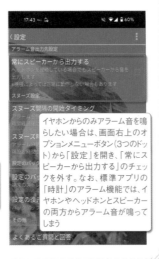

イヤホンからのみアラーム音を鳴らしたい場合は、画面右上のオプションメニューボタン（3つのドット）から「設定」を開き、「常にスピーカーから出力する」のチェックを外す。なお、標準アプリの「時計」のアラーム機能では、イヤホンやヘッドホンとスピーカーの両方からアラーム音が鳴ってしまう

226

マニュアル

家電の説明書を
まとめて管理する

家電のマニュアル管理は全部「トリセツ」アプリにまかせてしまおう。型番を入力したりバーコードを読み取るだけで、家電、住宅設備、DIY、ホビー、アウトドア用品など幅広いジャンルの製品情報を登録でき、それぞれの取扱説明書を表示できる。

APP

トリセツ
作者／TRYGLE Co.,Ltd.
価格／無料

まずは「＋」ボタンをタップ。続けて「買ったモノを登録する」をタップして、手持ちの家電の型番を入力するか、バーコードを読み取って登録しよう

登録した製品名をタップして「取扱説明書」をタップすると、その製品の取扱説明書をアプリ内で表示できる

GooglePixel
Benrisugiru
Techniques
Section

8

トラブル解決と
メンテナンス

Pixelで起こりがちなさまざまなトラブルは、
対処法さえ覚えておけばそれほど怖くない。
転ばぬ先のメンテナンス法と合わせて、
よくあるトラブルの解決法をまとめて掲載。
あらかじめ把握しておこう。

Pixelがフリーズして しまった場合の対処法

マスト！

GooglePixel
Benrisugiru
Techniques
Section
8

不調なアプリを 終了するか、 本体を再起動しよう

Pixelを操作していると、まれに画面をタップしても何も反応しない「フリーズ」状態になることがある。画面を下から上にスワイプしたりホームボタンをタップしてホーム画面に戻ることができるなら、アプリ単体の問題だ。最近使用したアプリの履歴を表示して、不調なアプリを終了させるか、または一度削除して再インストールしよう。削除できないアプリは、設定から強制終了や無効化が可能だ。

ホーム画面に戻れないなら、端末全体の問題。この場合は、一度本体を再起動するのが基本だ。電源キーと音量を上げるキーを同時に押して、表示されるメニューで「再起動」ボタンをタップしよう。この方法が使えないときは、電源キーを30秒ほど押し続けると、Pixelを強制的に再起動することができる。再起動後も調子が悪いなら、セーフモードで起動してみる。電源キーと音量を上げるキーを同時に押して、表示される「電源を切る」や「再起動」をロングタップするか、または、一度電源を切って、再起動中の画面にGoogleのロゴが表示されたら音量を下げるキーを押し続けよう。画面の左下に「セーフモード」と表示され、工場出荷時に近い状態で起動する。この状態で、最近インストールしたものなど、不安定動作の要因になっていそうなアプリを削除しよう。

それでもまだ調子が悪いなら、No245の手順で端末の初期化を試してみよう。

アプリのフリーズを解消する

1 起動中のアプリを 完全終了する

フリーズしたアプリを上にスワイプして完全終了

画面を下から上にスワイプしたりホームボタンをタップしてホーム画面に戻れるなら、アプリ単体の問題。最近使用したアプリの一覧から、フリーズしたアプリを上にスワイプして完全終了させよう。

2 アプリを再インス トールする

ホーム画面またはアプリ画面で不調なアプリのアイコンをロングタップし、上部の「アンインストール」までドラッグすればアンインストールできる

再起動してもアプリの調子が悪いなら、一度アプリをアンインストールしてから、再インストールしてみよう。これで直る場合も多い。

3 アプリを強制終了／ 無効化する

タップして強制停止

削除できないアプリの調子が悪い場合は、「設定」→「アプリ」→「○○個のアプリをすべて表示」から該当アプリを選び、「強制停止」や「無効にする」をタップ。

本体のフリーズを解消する

1 強制的に電源を 切って再起動

電源キーを30秒ほど押し続ける

本体自体の調子が悪い場合は、電源キーを30秒ほど押し続けると、強制的に再起動することができる。

2 セーフモードで 起動する

電源オン時は電源キーと音量を上げるキーを同時に押して、表示される「電源を切る」か「再起動」をロングタップし「OK」をタップ

電源オフ時は、電源をオンにして起動中に音量を下げるキーを押し続ける

再起動後も調子が悪いならセーフモードで起動しよう。電源オン時は「電源を切る」メニューを表示させてロングタップ。電源オフ時は起動中に音量を下げるキーを押し続ける。

3 セーフモード上で アプリを削除

すべてのアプリ

アダプティブ接続サービス
15.26 MB

おサイフケータイ アプリ
29.60 MB

おサイフケータイ 設定アプリ
3.00 MB

おサイフケータイ Webプラグインセットアップ
699 KB

カメラ

不安定な動作の原因になっていそうなアプリを削除したら、もう一度本体を再起動すると、セーフモードが解除されて通常の状態で起動する

スイッチ アクセス

セーフモードで起動したら、最近インストールしたアプリを削除してみよう。ホーム画面で削除できない場合は、「設定」→「アプリ」→「○○個のアプリをすべて表示」で行う。

Pixelの紛失・盗難に備えて「デバイスを探す」機能を設定する

所在地の確認やデータの初期化を遠隔で実行

Pixelの紛失や盗難に備えて、「デバイスを探す」機能を設定しておこう。Googleアカウントで同期している端末の現在位置を表示できるだけではなく、個人情報の塊であるスマートフォンを悪用されないよう、遠隔操作でさまざまな対処を施すことが可能だ。

ただし、これらの機能を利用するには事前の設定が必要だ。右の手順の通りあらかじめ設定を済ませておこう。万一紛失した際には、他のスマートフォンなどで「デバイスを探す」アプリを利用することで、紛失した端末の現在地を地図上で確認できるようになる。また、音を鳴らして位置を掴んだり、画面ロックを設定していない端末に新しくパスワードを設定することもできる。さらに、個人情報の漏洩阻止を最優先するなら、遠隔操作ですべてのデータを消去してリセットすることも可能だ。アプリで探す以外に、パソコンなどのWebブラウザで「デバイスを探す」（https://android.com/find）にアクセスしても、同様の操作を行える。なお、これらの機能を利用するには、紛失した端末がネットに接続されており、位置情報を発信できる状態であることが必要だ。

APP

デバイスを探す
作者／Google LLC
価格／無料

事前の設定と紛失時の遠隔操作

1 「デバイスを探す」と位置情報をオンに

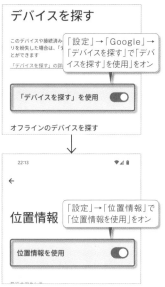

「設定」→「Google」→「デバイスを探す」で「デバイスを探す」を使用」をオン

「設定」→「位置情報」で「位置情報を使用」をオン

Pixelを紛失したときに「デバイスを探す」機能が使えるように、「デバイスを探す」と「位置情報」がオンになっているか、それぞれ設定を確認しておこう。

2 バックアップコードをメモしておく

「設定」→「Google」→「Googleアカウントの管理」で「セキュリティ」タブを開き、「2段階認証プロセス」をタップ。「バックアップコード」をタップし、8桁のコードをメモしておく

2段階認証を設定していて、認証できる端末がひとつしかない時は、その端末を紛失するとリモートでデータを消去できなくなる。あらかじめ「バックアップコード」を取得しておくと安心だ。

3 「デバイスを探す」で紛失した端末を探す

友達のスマートフォンを借りる場合は、「ゲストとしてログイン」をタップして自分のGoogleアカウントでログインしよう。現在地を地図で確認できるほか、音を鳴らしたり画面をロックできる。ただしデータを消去するには2段階認証が必要なので、紛失した端末以外で2段階認証できないなら、「別の方法を試す」→「8桁のバックアプコード〜」をタップして、メモしておいたバックアプコードを入力する

万一端末を紛失してしまったら、他のスマートフォンやタブレットで「デバイスを探す」アプリを起動しよう。紛失した端末の現在地を地図で確認できる。

4 端末から音を鳴らして位置を掴む

マナーモードでも音は鳴るようになっている

表示された地点で探してもPixelを発見できない場合は、「音を鳴らす」をタップ。最大音量で5分間音を鳴らして、Pixelの位置を確認できる。

5 端末を遠隔操作でロックする

「デバイスを保護」→「○○を保護」をタップすると画面をロックできる。画面に連絡先を表示させたり、紛失としてマークを有効にすることもできる

「デバイスを保護」や「紛失としてマーク」をタップすると、他人に使われないように画面をロックできるほか、画面上に電話番号やメッセージを表示したり、「デバイスを探す」ネットワークで見つかったときに通知する機能を有効にできる。

6 データを消去し端末をリセットする

タップ。なお「ゲストとしてログイン」でログインしている場合は、「デバイスを初期状態にリセット」をタップする

「○○を初期状態にリセット」をタップして画面に指示に従い、端末を初期化する

端末がどうしても見つからず、個人情報を消しておきたいなら、歯車ボタンをタップして「○○を初期状態にリセット」で初期化しよう。ただし、もう「デバイスを探す」で操作できなくなるので操作は慎重に。

229

セキュリティ

ロック解除の方法を忘れて
しまった場合の対処法

「デバイスを探す」機能で一度端末を初期化するしかない

Pixelでは、「デバイスを探す」（No228で解説）の「デバイスを保護」や「紛失としてマーク」を実行することで画面をロックできるが、これはすでに設定済みのPINなどでロックするか、ロックを設定していない場合のみ新しくロックを設定するもので、設定済みの画面ロックを上書きして変更することはできない。ロック解除方法を忘れてしまった場合は、「○○を初期状態にリセット」を実行して一度端末を初期化し、Googleアカウントのバックアップなどから復元しよう。画面ロックがリセットされる。

1 「デバイスを探す」でデバイスを選択

タップ。なお「ゲストとしてログイン」でログインしている場合は、「デバイスを初期状態にリセット」をタップする

「デバイスを探す」アプリなどで、ロック解除できなくなった端末を選択。設定済みのパスワードは遠隔で変更できないので、歯車ボタンをタップしよう。

2 遠隔操作で端末を初期化する

「○○を初期状態にリセット」→「リセット」をタップし、本人確認を済ませると、端末を初期化できる。解除できなくなった画面ロックも自動的にリセットされる。

3 再起動後は初期設定からやり直す

再起動後は初期設定からやり直すことになる。連絡先などはGoogleアカウントで復元できるが、端末内の写真や音楽などのデータは消えてしまう。

230

支払い

Googleの支払いにPayPayを利用する

Playストアの利用をはじめとするGoogleへの支払いの際は、登録したクレジットカードやキャリア決済、コンビニや家電量販店で購入できるプリペイドカード「Google Playギフトカード」の残高から支払うほかに、QRコード決済サービスの「PayPay」で支払うことも可能だ。

Playストアアプリのメニューから「お支払いと定期購入」→「お支払い方法」をタップし、「PayPayを追加」をタップしてGoogleとPayPayの連携を許可しよう。Playストアなどでの購入時に支払い方法をタップすると、PayPayを選択できるようになる。

Playストアアプリで右上のユーザーボタンをタップし、メニューから「お支払いと定期購入」→「お支払い方法」→「PayPayを追加」をタップする

GoogleとPayPayの連携を求められるので、「上記に同意して連携する」をタップしよう。Playストアなどでの購入時に、支払い方法としてPayPayを選択可能になる

231

充電

ワイヤレス充電器を利用しよう

Pixelは、ワイヤレス充電の国際規格Qiに対応しており、同じくQi対応のワイヤレス充電器で充電できる。Pixelを置くだけで充電が開始されるので、ケーブルを抜き差しする必要がなく快適だ。ここで紹介する製品は縦置きのスタンド型だが、横向きに置いて動画を見ながら充電することもできる。また、ほとんどのスマホケースは装着したままで充電可能だ。厚さが5mm以上あったり、金属製や磁気を帯びたケースは、充電前に取り外そう。iPhoneにも対応しているので、家族がiPhoneユーザーでも共用できる。

Anker
PowerWave II Stand
実勢価格／4,390円
サイズ／約90×90×115mm
重量／約172g

15W／10W／7.5W／5Wのうち機種によって最適な出力で急速充電できる、スタンドタイプのワイヤレス充電器。専用のACアダプタが付属する。充電用コイルを2つ内蔵しているので、縦置きでも横置きでも充電が可能だ。

232

バックアップ

撮影した写真や動画を
パソコンにバックアップする

パソコンとUSB
ケーブルで接続
してコピーしよう

　Pixelで撮影した写真や動画は、「フォト」アプリでクラウドにバックアップできるが（No107で解説）、容量に限りがある。パソコンを持っているなら、端末内の写真や動画はパソコンにバックアップしておこう。Pixelとパソコンをクラウドケーブルで接続すれば、パソコンからPixelのストレージにアクセスして写真や動画を取り出せる。なお、なお、パソコンを使わなくても、USB-C端子にUSBメモリやSDカードリーダーを接続し、Filesアプリなどを使って外部ストレージに写真をコピーする方法もある。

1 PixelとパソコンをUSB接続する

パソコンとPixelをUSBケーブルで接続したら、通知をタップ。USBの設定画面が開くので、USBの接続用途を「ファイル転送」に変更しよう。

2 認識されたPixelにアクセスする

接続したデバイス名をダブルクリックして開き、続けて「内部共有ストレージ」をダブルクリックして開く

パソコンのエクスプローラーで「PC」を開くと、「デバイスとドライブ」欄に接続中のデバイスが認識されているはずだ。これをダブルクリックし、「内部共有ストレージ」を開く。

3 ドラッグ&ドロップでパソコンにコピー

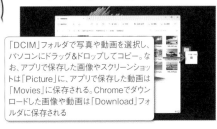

「DCIM」フォルダで写真や動画を選択し、パソコンにドラッグ&ドロップしてコピー。なお、アプリで保存した画像やスクリーンショットは「Picture」に、アプリで保存した動画は「Movies」に保存される。Chromeでダウンロードした画像や動画は「Download」フォルダに保存される

内部ストレージで「DCIM」フォルダを開くと、Pixelで撮影した写真や動画を確認できる。パソコンに適当なフォルダを作成し、バックアップしたい写真や動画をドラッグ&ドロップでコピーしよう。

233

セキュリティ

ユーザーIDの
使い回しに
気をつけよう

　さまざまなWebサービスやアプリでユーザー登録する際、パスワードは慎重に使い分けていてもユーザーIDはどれも同じ、という人は多いだろう。しかし実は、サービスや企業から流出しない限り公開されることのないパスワードよりも、ネット上で公開されることの多いユーザーIDを使い回している方が、危険性は高いと言える。いつも使っているユーザーIDで検索してみるといい。自分のツイートやFacebookのプロフィール、オークションの落札結果、掲示板での書き込み履歴などがヒットし、複数のSNSやWebサービスのアカウントと容易に結び付いてしまうのだ。特に、仕事用とプライベート用のアカウントは、異なるユーザーIDで登録して、しっかり使い分けておくことをおすすめする。

「設定」→「パスワードとアカウント」では、ログイン中のサービスやアプリが一覧表示される。それぞれで同じユーザーIDを使い回しているようなら危険だ。パスワードと同じように、なるべく違うユーザーIDを使い分けよう

234

文字入力

学習された
変換候補を
削除する

　文字入力の変換候補は、よく使う単語を素早く入力できるので非常に便利な機能だ。しかし、タイプミスの間違った単語やプライバシーに関わる単語が登録され候補として表示されるとかえって迷惑だ。標準キーボードのGboardでは、設定で「学習した単語やデータの削除」をタップすると、学習した履歴を削除して変換候補から消すことができる。ただし、必要な変換候補もすべて消えてしまう点に注意しよう。キーボードアプリによっては、消したい変換候補をロングタップすることで、個別に削除できる場合がある。

消したい変換候補がある場合は、「設定」→「システム」→「言語と入力」→「画面キーボード」で「Gboard」をタップしよう。Gboardの設定画面が表示される

「プライバシー」→「学習した単語やデータの削除」をタップすると、これまで学習した単語などの履歴がすべて削除され、変換候補に表示されなくなる

トラブル解決とメンテナンス

235 アプリ
マスト!
気付かないで払っているサブスクを解除する

カード会社の明細に記された数百円の謎の支払い。よくよく調べてみたら、いつだか試したアプリに毎月課金され続けていた…ということはありがちだ。単に解約し忘れていることもあるが、無料を装って課金に誘導する悪質なアプリもある。アプリ内課金や定額サービスの加入状況を一度しっかりチェックしておこう。Playストアアプリのメニューから「定期購入」をタップすると、契約中の定期購入アプリやサービスを確認できる。タップして「定期購入を解約」をタップすれば、すぐに解約することが可能だ。

Playストアアプリでユーザーボタンをタップし、メニューから「お支払いと定期購入」→「定期購入」をタップすると、契約中の定期購入アプリやサービスを確認できる

解約したい場合は、アプリを選択して、一番下の「定期購入を解約」をタップしよう。無料期間中や支払い済みの期間が残っている場合は、期限が切れるまで有料機能を使い続けることができる

236 紛失対策
紛失に備えてロック画面に自分の連絡先を表示する

Pixelを紛失した際に、「デバイスを探す」で端末の現在地を確認する方法をNo228で解説したが、これは端末がネット接続されていないと位置情報を取得できないので、タイミングによっては見つからないこともある。そこで、拾得者の善意に期待して、ロック画面に自分の連絡先を表示させておこう。「設定」→「ディスプレイ」→「ロック画面」→「ロック画面にテキストを追加」で入力した内容がロック画面に表示される。もちろん、ロック画面は誰でも確認できるので、見られて問題のない連絡先にしておくこと。

「設定」→「ディスプレイ」→「ロック画面」→「ロック画面にテキストを追加」をタップ。自分の連絡先などを入力しておく

ロック画面に、「ロック画面にテキストを追加」で入力したテキストが表示される。誰でも見ることができるので、表示する連絡先には注意しよう

237 アカウント
マスト!
Googleアカウントのパスワードを変更する

Googleアカウントは、PlayストアやGmail、連絡先などの個人情報に紐付けられる重要なアカウントだ。アカウントを不正利用されないよう、パスワードはしっかり考えて設定したい。簡単に推測される恐れのある文字列を設定している場合は、すぐにでも変更をおすすめしたい。変更するには、「設定」→「Google」→「Googleアカウントの管理」の「セキュリティ」タブで、「パスワード」をタップする。続けて現在のGoogleアカウントのパスワードを入力してログインし、新しいパスワードを入力しよう。

「設定」→「Google」→「Googleアカウントの管理」の「セキュリティ」タブで、「パスワード」をタップする

現在のパスワードを再入力すると、新しいパスワードの入力画面になる。8文字以上の新しいパスワードを設定し、「パスワードを変更」をタップしよう

238 アカウント
Googleアカウントを削除する

Googleアカウントは、複数作成することもできるし削除することも簡単だ。ここで言う削除とは、端末からアカウントを削除するのではなく、アカウントそのものを消去することで、関連づけられたサービスなども全て使えなくなるので注意が必要だ。「設定」→「Google」→「Googleアカウントの管理」の「データとプライバシー」タブで、「Googleアカウントの削除」をタップすると、アカウントの削除を実行できる。削除しても、2〜3週間以内ならアカウントサポートから復元可能だ。

「設定」→「Google」→「Googleアカウントの管理」の「データとプライバシー」タブで、「Googleアカウントの削除」をタップ

削除前に注意事項をよく読み、2箇所にチェックして「アカウントを削除」をタップしよう。Googleアカウントとデータを完全に削除できる

登録したクレジットカード情報を変更、削除する

Playストアアプリからカードの追加や編集が可能

クレジットカードの更新があったり、別のカードに切り替える場合は、Playストアでのアプリ購入時に利用するカード情報も更新しなければならない。まず「Playストア」アプリを起動し、メニューを開いて「お支払いと定期購入」→「お支払い方法」をタップ。新しいカードは、「お支払い方法の追加」から追加できる。登録済みのカード内容を編集するなら、「お支払いに関するその他の設定」をタップしてGoogle Payにログイン。登録済みカードの「編集」をタップし、カード情報を更新すればよい。

1 Playストアで「お支払い方法」をタップ

タップ

Playストアアプリを起動したら、ユーザーボタンをタップし、メニューから「お支払いと定期購入」→「お支払い方法」をタップする。

2 「支払いに関するその他の設定」をタップ

タップ

新しいカードやコードは、「お支払い方法の追加」から追加。登録済みのカード内容を編集するなら、「お支払いに関するその他の設定」をタップしよう。

3 クレジットカードの編集や削除を行う

「編集」で有効期限などを変更、「削除」でカード情報を削除する

Google Payのメニューで「お支払い方法」をタップすると、登録済みのカードやキャリア決済情報が表示される。

間違えて購入したアプリを払い戻しする

Playストアで購入した有料アプリは、購入して2時間以内であれば、アプリの購入画面に表示されている「払い戻し」ボタンをタップするだけで、簡単に購入をキャンセルして返金処理を行える。2時間のうちに、アプリの動作に問題がないかひと通りテストしておこう。ただし、払い戻しはひとつのアプリにつき一度しかできないので要注意。また、購入して2時間経過したアプリやアプリ内で課金したアイテム、映画・書籍など他のコンテンツを購入した場合は、No241の手順で払い戻し処理を行う必要がある。

買ってから2時間は「払い戻し」ボタンが有効。2時間の間に動作確認だけはしておこう。払い戻ししたアプリは、もちろんアンインストールされる

返金処理が完了するとGmailで通知される

購入後2時間経過後もアプリを払い戻しする方法

有料アプリの購入から2時間が経過して「払い戻し」ボタンが消えても、48時間以内なら払い戻しが可能だ。Playストアアプリで右上のアカウントボタンをタップし、「ヘルプとフィードバック」をタップ。「Google Playの払い戻しをリクエストする」を探してタップすると、払い戻しをリクエストできる。購入して48時間以内のアプリ内課金や、未視聴の映画やテレビ、再生できない音楽、読み込めない書籍なども返金処理できる。48時間を超えたアプリは、アプリ開発者に問い合わせる必要がある。

Playストアアプリで右上のアカウントボタンをタップし、「ヘルプとフィードバック」→「Google Playの払い戻しをリクエストする」をタップ。見つからない場合は「払い戻し」などをキーワードに検索しよう

払い戻しリクエストの手順画面になる。画面の指示に従って「次に進む」をタップしていき、購入したアプリなどを選択すれば、払い戻しをリクエストできる

242

マスト!

2段階認証でGoogleアカウントの
セキュリティを強化する

通常のパスワードに加えてもう1段階別の認証で保護

Googleアカウントの不正アクセスや乗っ取りを防ぐには、定期的にパスワードを変更するといった対策よりも、「2段階認証プロセス」を設定しておくほうが効果的だ。Google のサービスにログインする際に、通常のパスワード入力に加えて、もう1段階別の認証が求められるようになる。同じGoogleアカウントでログイン中のスマートフォンやタブレットに届くログイン通知で「はい、私です」をタップすれば認証できるほか、登録した電話番号宛てに届く確認コードを入力したり、パスキーを使って認証することもできる。

1 設定で2段階認証プロセスをタップ

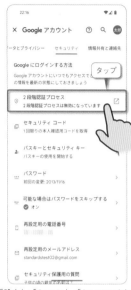

「設定」→「Google」→「Googleアカウントの管理」の「セキュリティ」タブで、「2段階認証プロセス」をタップし、「2段階認証プロセスを有効にする」をタップ。

2 2段階認証を有効にする

2つめの手順として、「Googleからのメッセージ」でログイン通知を表示する他のデバイスを確認できる。また、SMSや音声で確認コードを受信できるように電話番号を登録したり、パスキーを作成しておこう。

3 2段階認証でログインする

他のデバイスでGoogleサービスにログインしようとすると、同じGoogleアカウントを使っているスマートフォンやタブレットに、ログイン通知が表示される。「はい、私です」をタップすれば、認証されてログインが可能になる

243

マスト!

Googleアカウントの
不正利用をチェック

Google アカウントに不正なアクセスがないかは、「設定」→「Google」→「Googleアカウントの管理」の「セキュリティ」タブで、「すべてのデバイスを管理」をタップすれば確認できる。過去28日間にアカウントで有効になった端末や現在ログインしている端末が一覧表示されるので、見覚えのない端末がないか確認しよう。不審な端末があればタップして選択し、「ログアウト」ボタンをタップすれば、以降その端末からのアクセスを停止できる。あわせて、パスワードの変更も済ませておこう。

「設定」→「Google」→「Googleアカウントの管理」の「セキュリティ」タブで、「すべてのデバイスを管理」をタップする

見覚えのない端末はタップして選択し、「ログアウト」ボタンで以降のアクセスを停止できる。「心当たりがない場合」からパスワードも変更しておこう

244

マスト!

Androidを
アップデートする

Pixelの基本ソフト「Android OS」は、アップデートによってさまざまな新機能が追加されたり、不具合が修正される。OSのアップデートがあると通知が表示されるので、通知を確認したら、できるだけ早くアップデートを済ませておこう。「設定」→「システム」→「ソフトウェアのアップデート」→「システムアップデート」→「アップデートをチェック」で、アップデートの有無を手動で確認することもできる。なお、アップデートファイルのサイズはかなり大きくなるので、なるべくWi-Fi接続環境で実行しよう。

「設定」→「システム」→「ソフトウェアのアップデート」→「システムアップデート」をタップする

タップしてアップデートの有無を確認できる。アップデートファイルがあれば、「ダウンロードとインストール」をタップし、指示に従って更新を進めよう。なるべくWi-Fi接続環境で実行し、バッテリー残量にも注意すること

GooglePixel
Benrisugiru
Techniques
Section
8

トラブルが解決できない時のPixel初期化方法

マスト!

動作が不安定になったら端末を初期化してスッキリさせよう

頻繁に電源が落ちるようになったり、極端に動作が重くなってきたら、端末がなんらかの支障をきたしている可能性がある。この場合の最も効果的な解決方法が、端末の初期化だ。初期化しても、Gmailや連絡帳、Googleカレンダーなど、Googleの標準アプリのデータはクラウド上で同期されるので、実質的に常に最新のデータを自動バックアップしている状態だ。初期化後に同じGoogleアカウントでログインするだけで復元できる。同期される標準アプリを確認するには、「設定」→「パスワードとアカウント」でGoogleアカウントを選択し、「アカウントの同期」をタップすればよい。基本的にはすべてオンにしておくのがおすすめだ。また「Google Oneバックアップ」がオンになっていれば、バックアップに対応するアプリのデータや、通話履歴、設定、SMSやMMSメッセージが自動バックアップされる。カメラで撮影した写真や動画は、フォトアプリで自動バックアップできる（No107で解説）。これらは、初期設定時に同じGoogleアカウントでログインして、バックアップデータを選択することで復元できる。ただし、標準アプリの同期やGoogle Oneバックアップだけではすべてのデータをバックアップできず、Googleアカウントの容量にも限りがある。写真や動画、音楽、文書などのデータは、パソコンと接続してコピーしておくのが確実だ（No232で解説）。

端末の初期化を行おう

1 Google Oneバックアップを作成する

> スイッチをオンにしていると、デバイスがスリープ中で、充電されており、Wi-Fi接続中に自動でバックアップされる。無料でバックアップできる容量は15GBまで

> タップすると今すぐバックアップを作成する。バックアップしたデータは、Googleドライブアプリのメニューで「バックアップ」をタップすれば確認できる

「設定」→「システム」→「バックアップ」で「今すぐバックアップ」を実行しておこう。バックアップに対応するアプリのデータや、通話履歴、設定、SMSやMMSメッセージなどがバックアップされる。

2 写真や動画はパソコンにコピー

> PixelとパソコンをUSB接続し、エクスプローラーでPixelにアクセス。Pixelの内部共有ストレージから、写真や動画、音楽、文書が入ったフォルダをパソコンにコピーしておこう

フォトアプリのバックアップを有効にしていると、カメラで撮影した写真や動画はクラウド上に自動で保存されるので、Googleアカウントでログインするだけで復元できる。ただ、撮影枚数が多すぎるとGoogleアカウントの空き容量が足りなくなり、新しい写真や動画を保存できないだけでなく、デバイスのバックアップも作成できなくなってしまう。また、デフォルトだとアプリでダウンロードした画像や動画、スクリーンショットはバックアップされず、音楽や文書ファイルなどもGoogle Oneバックアップの対象外だ。これらは、パソコンとUSB接続してコピーするか、USBメモリなどを接続して保存するのがおすすめだ。

3 クラウド上のデータはバックアップ不要

「設定」→「パスワードとアカウント」でGoogleアカウントを選択し、「アカウントの同期」をタップ。ここでスイッチをオンにしたGmailやカレンダー、ドライブ、連絡先などのデータは、クラウド上に自動で保存（同期）される

Gmailや連絡先、カレンダーなどの標準アプリはクラウドで同期されるので、バックアップは不要。初期化後に同じGoogleアカウントでログインするだけで復元される。

4 バックアップとリセットを選択

データのバックアップが完了したら初期化を実行しよう。「設定」→「システム」→「リセットオプション」をタップする。

5 初期化の作業を進める

「すべてのデータを消去」をタップし、下までスクロールしてさらに「すべてのデータを消去」を2回タップすれば、初期化が開始される。

6 バックアップから復元する

初期化後は初期設定が必要。同じGoogleアカウントでログインして、「アプリとデータのコピー」画面で「次へ」をタップ。Googleアカウントのバックアップデータが一覧表示されるので、最新のバックアップを選択して復元すればよい。

掲載アプリINDEX

気になるアプリ名から記事掲載ページを検索しよう。

Google Pixel
便利すぎる!
テクニック

S t a f f

Editor	清水義博(standards)
Writer	西川希典
Designer	高橋コウイチ(wf)
DTP	越智健夫

2024年7月5日発行

編集人	清水義博
発行人	佐藤孔建
発行・発売所	スタンダーズ株式会社 〒160-0008 東京都新宿区四谷三栄町12-4 竹田ビル3F TEL 03-6380-6132
印刷所	株式会社シナノ

https://www.standards.co.jp/